W0261690

Abb. 1. Mischmaschine mit einer Leistung von 12 Tonnen per Stunde.

Kerkhof-Ilse, Asphaltstraßen, 3. Aufl.

Asphaltstraßen und Teerstraßen

(Bituminöse Straßenanlagen)

Von

B. J. Kerkhof

Direktor der Maatschappij Wegenbouw
Utrecht

Übersetzt von

E. Ilse

Direktor der Westdeutschen Wegebau-Gesellschaft
Düsseldorf und der Schwestergesellschaften

Dritte, erweiterte Auflage

Mit 10 Abbildungen auf Tafeln
und 2 Kurvenbildern im Text

Springer-Verlag Berlin Heidelberg GmbH
1929

ISBN 978-3-642-89334-6   ISBN 978-3-642-91190-3 (eBook)
DOI 10.1007/978-3-642-91190-3

Vorwort zur dritten Auflage der deutschen Übersetzung.

Dieses Buch ist der Niederschlag reifer Erfahrungen aus der Wegebaupraxis, die der erste Direktor der Maatschappij Wegenbouw in Utrecht, Herr B. J. Kerkhof, in einer Reihe von Jahren gemacht hat. Herr Kerkhof ist in Holland durch sein Buch „Wegenbouw"[1]), durch seinen Bericht zum Internationalen Straßenkongreß in Mailand und seine zahlreichen Beiträge in den fachwissenschaftlichen Zeitschriften rühmlich bekannt und gehört zu den führenden Männern in allen Fragen des modernen Straßenbaues.

Die erste Auflage dieses Buches wurde im Mai 1925 der Fachwelt überreicht. Nachdem sie und außerdem schon eine zweite Auflage vergriffen ist, wurde wiederholt der Wunsch nach einer neuen Auflage aus Fachkreisen geäußert. Da hierfür zunächst nur Deutschland in Betracht kam, lag es nahe, in der neuen Auflage den deutschen Straßenbau, der sich nach anfänglicher Anlehnung an den holländischen Straßenbau recht bald eigene Methoden suchte, zu berücksichtigen. Während man in Holland an bewährten, von England und Amerika übernommenen Bauarten festhielt, fing man in Deutschland an, sich den besonderen Verhältnissen des Landes anzupassen. Es lag dies vornehmlich daran, daß im Gegensatz zu Holland Deutschland ein Land des Teers und Hartgesteins ist, Produkte, die eine sehr große Rolle im Straßenbau zu spielen berufen sind. Aus diesem Grunde entstanden in Deutschland Methoden, die einerseits dem Teer große Verwendungsmöglichkeiten eröffneten, andererseits aber auch den ehemals bewährten Steinschlagstraßen zu ihrem Recht verhalfen, indem diese durch Behandlung mit bituminösen Stoffen widerstandsfähiger gegen die gewaltigen Anforderungen des neuzeitlichen Verkehrs gemacht wurden.

Daher sind in der dritten Auflage die Kapitel über Teerstraßenbau und Oberflächenbehandlung erweitert, zum Teil ganz erneuert worden.

---

[1]) Wegenbouw door B. J. Kerkhof, Amsterdam. N. V. Wed. J. Ahrend & Zoon. 1920.

Auch die Verwendung von Emulsion hat sich in Deutschland anders als in Holland entwickelt. Während man dort vorwiegend und von vornherein feste hochwertige Decken bauen konnte, war man in Deutschland mit seinem ausgedehnten Straßennetz und seinen geringen Mitteln vorerst darauf angewiesen, Behelfsmethoden — dabei insbesondere solche mit Emulsionen — in umfangreichem Maße anzuwenden. Aus diesem Grunde mußte dem Kapitel über Emulsionen ein größerer Raum als bisher gewidmet werden.

Auch das Kapitel über Gußasphalt mußte eine neue Fassung erhalten. In Holland ist der in früherer Zeit vielfach angewandte Gußasphalt fast ganz verschwunden und durch neuartige Bauweisen ersetzt worden. In Deutschland dagegen konnte er sich gegen die neuen maschinellen Bauweisen nicht nur behaupten, sondern sogar weiterentwickeln, weil — ähnlich wie bei Teer und Gestein — im Lande ausgedehnte Asphaltgruben vorhanden sind, die die Grundstoffe für Gußasphalt liefern können.

Schließlich hat es sich im Verlauf unserer praktischen Tätigkeit als recht wünschenswert erwiesen, dem Straßenbauer Fingerzeige zu geben, wie er in kürzester Frist und bei Beginn seiner Arbeiten auf der Straße die Richtigkeit seiner Mischungen prüfen kann. Es sei daher auf das neu hinzugekommene Kapitel „Beurteilung fertig verlegter Straßenstücke" besonders hingewiesen.

Im großen und ganzen ist aber der bewährte Charakter des Buches, wie es durch den in Holland hochangesehenen Straßenbauer Herrn B. J. Kerkhof herausgegeben worden ist, streng festgehalten worden. Möge daher dieser dritten erweiterten Auflage die gleiche freundliche Aufnahme zuteil werden, wie sie die erste und zweite gefunden haben.

Ein wesentliches Verdienst an der Erweiterung der dritten Auflage hat Herr Dr. Temme, Leiter des Laboratoriums der Westdeutschen Wegebaugesellschaft m. b. H. in Düsseldorf. Ihm sei besondere Anerkennung und herzlicher Dank für seine Mitarbeit ausgesprochen.

Düsseldorf, im Dezember 1928.

Emil Ilse.

Vorwort des Verfassers.

Die Asphaltstraße hat sich hierzulande in kurzer Zeit einen guten Ruf erworben. Wenn ich im Jahre 1920 in meinem Werke „Wegenbouw" das Kapitel über Asphaltstraßen auch noch mit den Worten beginnen mußte: „Die Verwendung von Asphalt im Straßenbau hat hier noch wenig Eingang gefunden", so ist jetzt, noch keine fünf Jahre später, die Asphaltstraße bereits volkstümlich geworden. Jedermann ist von ihren vortrefflichen Eigenschaften überzeugt, und die Tatsache, daß die Asphaltstraße in ihrem einfachen Aufbau auch in Zeiten von Geldknappheit nicht zu teuer ist, brachte es zustande, daß ihre Verwendung Allgemeingut geworden ist.

Weniger bekannt ist die Kenntnis der technischen Einzelheiten über Anlage und Unterhaltung der Asphaltstraße in ihrer großen Verschiedenheit.

Eine Darstellung der neuzeitigen Straßenanlagen unter Verwendung von bituminösen Stoffen, ausführlicher und mehr ins einzelne gehend als in meinem Buche „Wegenbouw", schien darum auch notwendig zu sein: notwendig vor allem, um die Vor- und Nachteile der vielen Systeme in sachlicher Weise zu beleuchten.

Was uns hierzulande an Erfahrung und Praxis auf diesem Gebiete noch fehlt, finden wir bei unseren Nachbarn in England und Amerika. Ich habe geglaubt, diese in einzelnen Fällen zu Hilfe rufen zu müssen, z. B. sobald es nötig war, meinen Worten mehr Nachdruck zu verleihen, oder soweit deren Zahlenmaterial dazu dienen konnte, Ansichten zu bestätigen.

Schließlich war diese Abhandlung nötig geworden, um Verwirrungen zu verhüten in der Benennung der verschiedenen bituminösen Straßenanlagen und der Baustoffe, die dabei Verwendung finden. Die Übernahme und der häufig unrichtige Gebrauch ausländischer Namen muß als ein sich einschleichendes Übel angesehen und darum bekämpft werden.

Ich hoffe, mit diesem Buch einer technischen Forderung gerecht zu werden und etwas dazu beigetragen zu haben, richtige Begriffe über die Asphaltstraße zu verbreiten.

Bilthoven bei Utrecht, Frühling 1925.

B. J. Kerkhof.

Inhaltsverzeichnis.

XI. Asphaltbeton.

XII. Der Sandasphalt (Sheetasphalt).

XIII. Teerstraßen.

XIV. Emulsionen.

XV. Bituminöse Oberflächenbehandlung.

XVI. Die Unterhaltung von Asphaltwegen.

XVII. Prüfung und Zusammenstellung der bituminösen Materialien.

I. Benennung.

Mit der Menge der Bausysteme, die die Einführung von Asphalt und Teer im Straßenbau gebracht hat, entstand auch eine große Anzahl neuer Fachausdrücke. Insbesondere dadurch, daß ein großer Teil der Baustoffe und Bausysteme vom Auslande übernommen wurde, konnte sich auch eine Reihe ausländischer Bezeichnungen einbürgern. In Holland sind die ausländischen Worte volkstümlich geworden und bis heute geblieben. In Deutschland ist es den Bemühungen des Asphaltausschusses der Automobilstraßen-Studiengesellschaft zu danken, daß an Stelle der ausländischen passende deutsche Bezeichnungen eingeführt wurden. Die von der Studiengesellschaft vorgeschlagenen Bezeichnungen werden im folgenden benutzt, dabei aber auch die im Sprachgebrauch gebliebenen ausländischen Sonderbezeichnungen mitgenannt.

Benennung	Beschreibung
Asphalt.	Festes oder halbfestes Bitumen, das natürlichen Ursprungs ist oder bei der Bearbeitung des Erdöls gewonnen wird, auch Mischungen beider Bitumensorten mit Erdöl oder Erdölfraktionen. In der Hitze schmelzbar und bestehend aus Kohlenwasserstoffverbindungen einfacher und komplizierter Zusammensetzung mit zyklischer oder Brückenstruktur. Asphalt natürlichen Ursprungs kann Asphaltkalkstein, Asphaltsandstein oder ein Asphalt mit höherer Anreicherung von reinem Bitumen sein, wie Trinidadasphalt, Gilsonit, Albertit, Wurtzilit. Erdölasphalt ist der Rückstand, den man bei der Destillation des rohen Petroleums erhält.
Asphaltbeton.	Ein im komprimierten Zustande hohlraumarmes bis hohlraumfreies Gemisch von Steinsplitt, Steingrus, Sand, Füllstoff und Asphalt. Man unterscheidet Asphaltfeinbeton und Asphaltgrobbeton. Im Asphaltfeinbeton beträgt die maximale Korngröße des Steinmaterials 12 mm und deren Anteil im Gemisch nicht über 40 Gewichtsprozent (meist 20—40%). Im Asphaltgrobbeton wird Steinmaterial bis zu 3 cm Korngröße verwandt. Der Anteil der Körnung von 2—30 mm beträgt bis ca. 65—70%.

Benennung	Beschreibung
Asphaltmakadam.	Eine Steinschlagdecke, in die Asphalt eingegossen wird, also eine Ausführung nach dem sog. Tränkverfahren.
Asphaltmastix.	Mischung von Asphalt mit feinkörnigen mineralischen Bestandteilen, meist Asphaltkalkstein, durch natürliches Bitumen bereichert. Wird in Form von Broten oder Blöcken in den Handel gebracht.
Asphaltmörtel.	Eine innige und dichte Mischung von Asphalt mit Steinpulver oder Steingrus von einer Maximal-Körnergröße 2,0 mm.
Asphaltplatten.	Platten, die fabrikmäßig aus Stampfasphaltpulver oder aus einer synthetischen Mischung von Asphalt mit mineralischen Bestandteilen, wie Sand oder Steingrus, gepreßt werden. Hierher gehören die Stampfasphaltplatten wie auch die sogenannten Blocks.
Asphaltpulver.	Gemahlener Asphaltstein. Auch Asphaltmehl oder Stampfasphaltpulver genannt.
Asphaltstein.	Sandstein oder Kalkstein, in der Natur vorkommend, mit Bitumen getränkt.
Binder.	Binder oder Zwischenlage genannt. Eine Lage von Asphaltsteinschlag zwischen Unterbettung und Decklage.
Bitumen.	Der allgemeinere und umfassendere Ausdruck für kohlenwasserstoffartige, in Schwefelkohlenstoff lösliche Stoffe, sei es, daß sie in der Natur gefunden (Erdöl, Erdöldestillate und Rückstände, Naturasphalte und Asphaltite), sei es, daß sie durch Destillation bituminöser Stoffe (Torf, Braunkohle, Steinkohle, Öl- und Kohlenschiefer) gewonnen werden. In Deutschland ist der Begriff Bitumen heute weiter gefaßt als beispielsweise in England und Frankreich. Dort werden die Rückstände der Braun- und Steinkohlendestillation nicht als Bitumen angesehen. Bitumen ist dort Asphalt gleichzusetzen.
Bituminös.	Stoffe, die bitumenhaltig sind: reiner Asphalt, reiner Teer und alle Ausgangsstoffe, in denen Bitumen vorkommt oder aus denen es sich bilden kann.
Bituminöse Oberflächenbehandlung.	Jede Art von Bearbeitung einer Straßendecke mit irgendeinem bituminösen Stoff.
Clinkerasphalt.	Siehe Schlackenasphalt.

Benennung	Beschreibung
Emulsion.	Eine feine Verteilung einer Flüssigkeit in einer anderen, die unter normalen Umständen keine Löslichkeit in der anderen zeigt. Eine Asphaltemulsion ist ein Flüssigkeitsgemisch, in welchem äußerst kleine Asphaltpartikeln in Wasser oder in einer wässerigen Lösung in der Schwebe gehalten werden.
Flux.	Flüssiges Bitumen, welches hartem Bitumen zugefügt wird, um dieses weicher zu machen, also um die Penetration zu erhöhen. Kann natürliches oder Petroleumbitumen sein.
Gußasphalt.	Breiartige Mischung von Bitumen und mineralischen Bestandteilen (Sand und Kies oder Steingrus), warm auf die Unterbettung gestrichen. Auch Streichasphalt genannt.
Plattenasphalt.	Pflasterung aus Asphaltplatten oder -blocks, auf eine Unterbettung gelegt.
Sandasphalt.	Ein in dichtkomprimiertem Zustande hohlraumarmes Gemisch von Sanden und Füllstoffen bis zu 2 mm Korngröße und Asphalt, das heiß auf der Straße zur Verlegung kommt und dort durch Walzung komprimiert wird (Walzasphalt).
Schlackenasphalt.	Walzasphalt, in dem der Sand durch feingemahlene Schlacken der Abfallverbrennung teilweise oder vollkommen ersetzt wird. Im Englischen Clinkerasphalt genannt.
Stampfasphalt.	Asphaltpulver, warm auf die Unterbettung verteilt, danach gestampft und mit einer leichten Walze gewalzt.
Steinschlagasphalt.	Ein Gemenge aus Steinschlag und Steinsplitt mit oder ohne Steingrus und Steinquetschsand oder natürlichem Sand, heiß mit Asphalt vermischt, heiß eingebaut und festgewalzt (Walzasphalt). Die Decke erhält einen dünnen Überzug von Asphalt, der abgesplittet wird.
Streichasphalt.	Siehe Gußasphalt.
Teer.	Destillationsprodukt der trockenen Destillation bitumenhaltiger Mineralgemische. Man kennt Steinkohlen-, Braunkohlen-, Holz-, Schiefer-, Wassergas-, Ölgas-, Fett- und Knochenteer. Im Straßenbau verwandt werden nur Steinkohlenteere aus Gasanstalten und Kokereien. Rohteer nennt man den frisch anfallenden Teer; destillierten Teer einen, dem

Benennung	Beschreibung
	Wasser und die Leichtöle entzogen sind; präparierten Teer einen, der durch Abdestillieren des Rohteers bis aufs Pech und durch Lösen des Peches in hochsiedenden Teerölen gewonnen wird.
Teerbeton.	Teergesteinsgemisch analog dem Asphaltbeton.
Teermakadam.	Man kennt Teermischmakadam, der vor dem Einbau in einer Fabrikationsanlage gemischt wird, und Teertränkmakadam, der durch Eingießen von Teer in eine Schotterdecke hergestellt wird. So scharfe Unterscheidungen der Benennung, wie bei den Asphaltausführungen, sind hier noch nicht im Gebrauch.
Topeka.	Ein zur Verstärkung des Steingerüstes mit 10—30% Steingrus vermischter Sandasphalt (verstärkter Sandasphalt, auch Asphaltfeinbeton zu nennen).
Walzasphalt.	Sämtliche Ausführungen des Asphaltmischmakadams, bei denen die Masse warm auf die Straße gelangt, dort verteilt und gewalzt wird. Steinschlagasphalt, Asphaltgrob-, Asphaltfeinbeton, Topeka, Sandasphalt.

Hiermit sind die Hauptbegriffe, die in dieser Schrift vorkommen, erklärt. Zum Verständnis der vielen anderen fremden Bezeichnungen sei auf den Text verwiesen.

II. Die Asphaltstraße im allgemeinen.

Neue Verkehrsforderungen. Das Bestreben nach einer geräuschlosen und staubfreien Straßendecke ist unstreitig ein Zeichen der Zeit. Der neuzeitige Schnellverkehr stellt andere Forderungen an unsere Straßen als der langsame Verkehr vor 25 Jahren, und mit den veränderten Anforderungen an die Straße und deren Befestigung sind auch die Interessen der anwohnenden Bevölkerung und des Steuerzahlers in Hinsicht auf die Straßenbeschaffenheit in hohem Maße verändert.

Mehr denn je nimmt die Straße eine Stelle im sozialen und wirtschaftlichen Leben ein und ihre Aufgaben sind umfangreicher als früher geworden.

Darum ist es auch in jeder Beziehung begründet, daß der Straße große Aufmerksamkeit gewidmet wird. Eine natürliche Folge hiervon ist das Aufblühen der Straßenbautechnik. Denn die Kenntnis der hauptsächlich wirtschaftlichen Befriedigung der Verkehrsanforderungen war bis vor kurzem im allgemeinen unzureichend und bedeutet heute noch für viele einen Punkt ernsten Studiums.

Von der technischen Seite besehen, ist es nicht so ganz einfach, in jedem besonderen Falle die beste Wahl beim Entwurf eines Straßenbaues zu treffen, und ebensowenig ist es technisch immer leicht, die zweckmäßigste und billigste Konstruktion für diesen Straßenbau zu finden.

Im allgemeinen kann man wohl sagen, daß bei Anlage und Unterhalt der Straßen die Behörden, die für die Geldmittel zu sorgen haben, wie auch die Leiter der technischen Ausführung schwierige Augenblicke durchmachen im Hinblick auf die zunehmende Stärke und Schnelligkeit des Verkehrs auf unseren Straßen. Und viele meinen, daß die Verwendung von bituminösen Stoffen auf und in den Straßenbauten die Rettung bringen wird.

Nun hat die Verwendung von Asphalt und Teer bei Straßenbauten unzweifelhaft schon bewiesen, daß sie in vielen Fällen den Erwartungen ausgezeichnet entspricht. Hierzulande wurden bis vor kurzem darin noch Versuche gemacht, aber außerhalb unserer Landesgrenzen sehen wir Ausführungen, die 30 und sogar 50 Jahre alt sind und sich den schwersten Verkehrsbeanspruchungen gewachsen zeigten. Sie geben uns den Mut, auch bei uns den bituminösen Straßenbau einzuführen.

Entwicklung des Stampfasphalts. Die Asphaltperiode hat eigentlich schon im Jahre 1849 begonnen, als der französische Ingenieur Marion in der Nähe von Travers (Kanton Neuchâtel, Schweiz) zum ersten Male den Naturasphalt, wie er dort in der Erde gefunden wird, auf einem Fahrweg zur Verwendung brachte. Dies war die Geburtsstunde des Stampfasphalts.

Wenn wir der weiteren Entwicklung in großen Zügen folgen, sehen wir schon im Jahre 1854 den Asphalt in der Rue Bergère zu Paris als städtische Pflasterung. Es war gemahlener Naturasphalt, weiter unten als Stampfasphalt beschrieben. Im Jahre 1869 folgte London, 1877 Berlin und 1873 Amsterdam. Bei uns ist somit die Asphaltstraße etwa ein halbes Jahrhundert alt.

Es ist bemerkenswert, wie verschiedenartig sich die Entwicklung des Stampfasphalts in den einzelnen Ländern gestaltet hat. Während er in London und Paris wenig Eingang fand, und zwar durch die Konkurrenz des Holzpflasters, wurde er in Berlin und anderen Städten Deutschlands bald in großen Flächen verlegt.

Am 1. Januar 1924 hatte Paris ungefähr 1 250 000 qm Stampfasphalt gegenüber 2 348 500 qm Holzpflasterung. Die Steinpflasterung war noch mit 5 379 310 qm vertreten, was gegenüber einer Oberfläche von 6 400 000 qm, die sie noch am 1. Januar 1892 betrug, einen beträchtlichen Rückgang bedeutet, sobald man den Zuwachs im ganzen betrachtet.

Am 1. Januar 1923 hatten die Straßen von Paris eine Totaloberfläche von 16 807 900 qm, wovon 9 467 900 qm Fahrwege waren. Diese bedeutende Oberfläche von beinahe 1000 ha verteilte sich wie folgt:

Tabelle 1. Bestraßung von Paris Januar 1923.

Art der Pflasterung	Oberfläche in qm	In Prozenten
Pflastersteine	5 394 400	57
Holzpflaster	2 447 100	25,9
Asphalt	1 037 400	10,9
Steinschlag	589 000	6,2
Im ganzen	9 467 900	100,0

Asphalt machte Januar 1913 in Paris stark 5% der Totaloberfläche der Fahrstraßen aus. In 10 Jahren also eine Verdoppelung der Prozentzahl.

In Berlin hat man schon mehr als 30% Asphalt und sehr wenig Holzpflasterung.

Charlottenburg hat ungefähr 65% von der Gesamtoberfläche seiner Fahrstraßen asphaltiert! Schöneberg 57%!

Der Staat Kalifornien, wo es sich in der Hauptsache um Landwege handelt, kann bereits 75% aufweisen.

Im Jahre 1924 sind in Amsterdam ungefähr 84000 qm Asphaltpflaster gelegt worden. Die verlegte Fläche verteilt sich auf folgende Belagsarten:

Tabelle 2. Asphaltpflaster, gelegt im Jahre 1924 in Amsterdam.

Art des Asphalts	Oberfläche in qm	Prozente im ganzen
Sandasphalt mit Sand	36 000	42,9
„ „ Schlacken . . .	20 000	23,8
Asphaltbeton (Topeka)	20 000	23,8
Stampfasphalt	7 000	8,3
Asphaltplatten	1 000	1,2
Total	84 000	100,0

Tabelle 3. Asphaltpflaster, gelegt im Jahre 1927 in Amsterdam.

Art des Asphalts	Oberfläche in qm	Prozente im ganzen
Sandasphalt mit Sand . .	11 825	11,7
Sandasphalt mit Sand und Schlacken	71 560	70,9
Asphaltbeton (Topeka) . .	7 305	7,2
Stampfasphalt	10 375	10,2
Total	101 065	100,0

Aus diesen Tabellen ersieht man einen beträchtlichen Rückgang des Stampfasphalts und die steigende Anwendung der wirtschaftlichen Walzasphaltbeläge. Bis Ende des Jahres 1928 sind schon 480 000 qm Walzasphalt in Amsterdam gelegt worden. Bis zum Jahre 1922 war in Amsterdam noch kein anderer Asphalt vorhanden als Stampfasphalt. Jetzt wird er nur noch wenig verwendet, ebenso wie Gußasphalt, der sich in Holland als Fahrwegbelag nicht bewährt hat. Dasselbe kann man von Asphaltplatten (Blocs) sagen, die eine zu große Abnützung zeigen.

Eine derartige Entwicklung sieht man auch in anderen Ländern. In Berlin, Hamburg, Paris usw., wo man eine so große Vorliebe für Stampfasphalt hatte, tauchen andere bituminöse Straßenbauweisen auf.

Die Ursache für diesen Rückgang des Stampfasphaltes ist in dem Unterschied der Anlagekosten zu suchen. Der Stampfasphalt ist erheblich teurer als die modernen Konstruktionen des Walzasphalts, ohne jedoch Eigenschaften zu besitzen, die ihm größere Vorzüge verleihen. Nur durch

Herabsetzung der Kosten für die Grundstoffe des Stampfasphalts würden sich seine Aussichten zum Besseren wenden können. Im Augenblick ist aber der Stampfasphalt in Holland und auch anderswo als der Schrittmacher für Sheetasphalt (Sandasphalt) zu bezeichnen.

In Ländern, die die Grundstoffe selbst besitzen, wird das Kostenverhältnis vielleicht etwas günstiger sein. Amerika und England dagegen bauen nur einen sehr kleinen Prozentsatz von Asphaltstraßen in Stampfasphalt. Auf dem Festland von Europa ist er noch am meisten bekannt, und vor allem ist er in Deutschland in großen Flächen zur Verlegung gekommen.

Dennoch ist Stampfasphalt eine Stadtpflasterung geblieben. Die verschiedenen Asphaltstraßenkonstruktionen, die später in Mode gekommen sind, haben sich mehr auf den Landstraßen ausgebreitet, während einige, und dies gilt besonders vom Sandasphalt, doch auch ganz besonders geeignet sind für Stadtpflasterung.

Die neueren Asphaltwege. Der Sandasphalt (Sheetasphalt) ist ursrpünglich eine Erfindung des Belgiers E. J. de Smedt, der ihn in der amerikanischen Stadt Newark im Jahre 1870 zum ersten Male gelegt hat.

Diese Probe stand noch nicht auf der wissenschaftlichen Höhe der heutigen Asphalttechnik, hatte aber doch nach vielen Versuchen den großen Erfolg, daß bereits 1877 die große Pennsylvania Avenue in Washington nach diesem System gebaut wurde.

In der Folgezeit hat dieses neuzeitliche Pflaster eine derartige Ausbreitung gefunden, daß es sich in wenigen Jahren über Amerika und England verbreitet hat und daß die Hauptverkehrsstraßen mit dem stärksten Verkehr damit gepflastert werden.

Berühmt unter anderen ist der Sandasphalt der Fifth Avenue in Neuyork (gebaut 1896) und die Kings Road in London (gebaut 1896) und das Thames Embankment in London (gebaut 1906), Straßen, die zu den belebtesten der Welt gehören.

Im Jahre 1923 wurde Sandasphalt zum ersten Male in den Niederlanden verlegt, und zwar auf der Nassaukade bei dem Overtoom in Amsterdam. Im Jahre 1924 wurden in Holland im ganzen an gewalzten Asphaltstraßen bereits ungefähr 400 000 qm gelegt, und davon werden etwa 150 000 qm Sheetasphalt oder damit verwandte Systeme sein. Der Rest besteht aus Steinschlagasphalt und Asphaltmakadam.

In den Niederlanden ist die Asphaltstraße in sehr kurzer Zeit durch Einführung der Petroleumasphalterzeugnisse volkstümlich geworden. Diese Bewegung nahm 1923 ihren Anfang und hatte zur Folge, daß schon in demselben Jahre große Flächen in neuzeitigen Asphaltkonstruktionen angelegt wurden, in den ersten Jahren sogar in recht verschiedenen Arten.

Abb. 2. Ausbreiten und Walzen des Sandasphalts (Sheetasphalts).

1. a) Sandasphalt mit Sand,
   b) Sandasphalt mit gemahlenen Schlacken aus der Müllverbrennung,
   c) Sandasphalt mit Sand und Schlacken,
   d) Sandasphalt mit Sand und Steingrus (Topeka).
2. Steinschlagasphalt.
3. Asphaltbeton.
4. Asphaltmakadam.

Das Ergebnis der Proben hierzulande ist günstig gewesen. Für eine Verwendung auf Landstraßen würde der Stampfasphalt niemals in Betracht gekommen und auch nicht geeignet gewesen sein. Die neueren Bauarten dagegen fanden sofort Eingang, was z. B. stark hervortritt aus der Herstellung von ungefähr 20 km = 100 000 qm Asphaltbeton im Jahre 1924 durch die Provinzialverwaltung der Provinz Utrecht, vielleicht der größte Auftrag, welcher jemals in Holland auf einmal erteilt ist.

Für diese plötzliche Verbreitung des Asphalts auf Landstraßen sind wohlbegründete Ursachen zu finden. In erster Linie hat die Asphaltstraße im allgemeinen einen hohen Gebrauchswert. Die anfänglichen Beschwerden gegen eine ausgedehntere Verwendung des Asphaltes betrafen in der Hauptsache: die hohen Kosten und seine Eigenschaft, bei nassem Wetter glatt zu sein.

Durch Verwendung des synthetischen Asphaltpflasters, welches im Gegensatz zum Natur- oder Stampfasphalt neben feinen mineralischen Bestandteilen auch gröbere enthält, ist die Klage über die Glätte zum Verstummen gebracht. Während z. B. Stampfasphalt nur eine Neigung von 2% vertragen kann, verwendet man Sandasphalt noch bei 4% und Steinschlagasphalt noch bei 5—6% Neigung. Der Sandasphalt behält immer einige Rauhigkeit, dank der ziemlich großen und scharfen Sandkörner, die er enthält.

Die Klage über die Kosten ist bei Verwendung von Petroleumasphalt ebenfalls beträchtlich geringer geworden. Man kann jetzt beinahe für den Preis von Teersteinschlag Steinschlagasphalt erhalten, und auch bei den besseren Konstruktionen bleiben die Anlagekosten weit unter denjenigen des Stampfasphalts.

Da die Qualität nicht hinter den älteren Konstruktionen des Stampfasphalts zurücksteht, so liegt es auf der Hand, daß der Walzasphalt reißend schnell Eingang gefunden hat.

Bei Erwähnung aller Vorteile der modernen Asphaltpflasterungen ist auch die große hygienische Bedeutung für die Umgebung hervorzuheben. In erster Linie ist die Straße an und für sich hygienischer und zweitens kann die Reinigung billig und bequem geschehen. In Amsterdam hat man daher auch viele Gassen und unansehnliche Nebenstraßen aus diesem Grunde asphaltiert.

Schließlich ist die Anlage der neueren Asphaltstraßen-Konstruktionen so wenig zeitraubend, daß man nicht davor zurückzuschrecken braucht, sie im großen in Anwendung zu bringen. Sowohl durch die zweckmäßige Maschinenausrüstung wie durch die Tatsache, daß man nur bei den Penetrationssystemen (Tränkverfahren) besonders vom Wetter abhängig ist, kann man mit einer Mischanlage in kurzer Zeit große Oberflächen, sogar bis 1500 qm pro Tag, herstellen. Jedenfalls kann man nach den Mischsystemen während acht von den zwölf Monaten des Jahres arbeiten: eigentlich kann nur schwerer Regenfall und Schnee eine Arbeitsunterbrechung verursachen.

Einteilung. Wenn man die verschiedenen Arten der Asphaltstraßen in eine ungefähre Übersicht zusammenfassen will, kommt man zu folgender Aufstellung:

1. **Stampfasphalt.** Das von altersher bekannte Stadtpflaster.

2. **Plattenasphalt.** Hierzu gehören die viereckigen Platten aus natürlichem Asphalt (Stampfasphaltpulver), wie auch die länglichen Platten mit gänzlicher oder teilweiser Verwendung von Petroleumasphalt, die hier als Asphaltblocks bekannt geworden sind.

3. **Guß- oder Streichasphalt.** Hierzulande mehr für Bürgersteige im Gebrauch, in anderen Ländern aber auch viel auf Fahrstraßen gelegt.

4. **Asphalttränkmakadam.** Wenn man die Zwischenräume zwischen den Schottersteinen vollkommen mit Asphalt ausfüllen will, benutzt man meist Naturasphalt: z. B. bei den Systemen Nacovia und Penetrofalt.

Bei Verwendung von Petroleumasphalt strebt man nicht nach vollkommener Füllung aller Poren in der Schotterdecke, man braucht deshalb auch viel weniger Material.

5. **Steinschlagasphalt.** Hierbei erreicht man einen charakteristischen Qualitätsunterschied, indem man die Steinschlagmischung geschlossen oder nichtgeschlossen macht. Im ersteren Falle wird dies durch Zufügung von Sand und Füllstoff erreicht.

6. **Asphaltbeton.** Bei Verwendung eines Mörtels aus Sanden, Füllstoff und Asphalt erhält man aus dem Steinschlagasphalt den Asphaltbeton, eine gegenüber dem Steinschlagasphalt verbesserte Ausführungsform.

7. **Sandasphalt.** Dieser kann mit Trinidad-Naturasphalt oder mit Petroleumasphalt als Bindemittel gelegt werden. In beiden Fällen kann dabei Sand oder Schlacke gebraucht werden oder auch ein Gemisch beider. Auch kann feiner Steingrus der Mischung zugefügt werden, und man spricht dann von Topeka. In Deutschland dürfte der Name „verstärkter Sandasphalt" am Platze sein.

Im folgenden sind die verschiedenen Systeme nach ihren besonderen Eigenschaften und Konstruktionsmethoden näher beschrieben.

III. Die Unterbettung von Asphaltstraßen.

Allgemeine Bemerkungen. Bei dem Bau von gewalzten Asphaltstraßen steht man vor einer neuen Frage in betreff der Unterbettung. Für Stampfasphalt gilt diese Frage nicht, weil man hierfür ausschließlich eine Betonunterlage von 15—20 cm Dicke als Unterbettung für möglich erachtet. Die neueren Asphaltstraßen sind dagegen an diese Betonunterlage keineswegs gebunden, und es gibt sogar Verhältnisse, bei denen man einer mehr elastischen Unterbettung den Vorzug gibt.

Um in einem bestimmten Falle die am meisten zu bevorzugende Konstruktion ausführen zu können, ist es nötig, die Vor- und Nachteile der vielen Möglichkeiten zu prüfen und für jeden Einzelfall seine besonderen Forderungen zu stellen und seine Wahl zu überlegen.

Auf die Wahl der Unterbettung haben verschiedene Faktoren Einfluß. Die Frage hat mehr Bedeutung, als es anfänglich scheinen mag. Hierbei ist die finanzielle Seite nicht die Hauptsache, wie es sonst gewöhnlich der Fall ist. Viel eingreifender ist die Wahl der Unterbettung in bezug auf die technischen Eigenschaften der verschiedenen Systeme.

Arten. Bei Untersuchung dieser Eigenschaften kann man zwei Gruppen von Unterbettungen unterscheiden: auf der einen Seite hat man die Betonunterlage, auf der anderen Seite die gewalzte Unterbettung von gebrochenem Ziegelstein oder Naturstein. Ob man die Betonunterlage nun 15 oder 20 cm dick macht, und ob man sie aus Eisenbeton herstellt oder nicht, und ob man diese Verstärkung mittels einfachen oder künstlich zusammengestellten Netzwerks erreicht, dies bleibt im großen und ganzen das gleiche für die Wahl.

Der Charakter dieser Unterbettung wird durch derartige kleine Konstruktionsunterschiede nicht verändert. Die Betonunterlage ist immer das, was man eine starre Unterbettung nennt.

Im Gegensatz hierzu kann man die gewalzte Unterbettung eine elastische nennen. Sie zerbricht nicht bei Veränderung der Form, sie ist auch nicht so dicht und darum ein weniger guter Leiter für Geräusche und Erschütterungen.

Ob man eine derartige Unterbettung aus harten Ziegelbrocken so macht, daß sie aus einer flachen Unterlage mit einer 10—20 cm dicken

Schüttung besteht, oder ob man die Unterbettung ohne Unterlage herstellt und die Ziegel insgesamt als Schüttung verarbeitet, es wird dadurch nichts am Charakter der Unterbettung verändert. Auch ändert sich nahezu nichts, wenn man sie aus Natursteinen oder Schlacken anfertigt, die man als Packlage geschlossen aneinandersetzt. In all diesen Fällen ist die gewalzte Unterbettung eine ziemlich geschlossene und feste Steinschicht, die aus kleineren oder größeren Stücken harten Materials besteht, durch die Walze soviel als möglich zusammengepreßt und schließlich mit Sand eingeschlämmt wird.

Tragfähigkeit. Vom technischen Standpunkt hat man an erster Stelle die Tragfähigkeit einer Unterbettung zu berücksichtigen. Was dies betrifft, kann man die zwei Systeme gleichstellen, weil man die Dicke den Bodenverhältnissen und der Schwere des Verkehrs anpassen kann.

Wenn eine Betonunterlage von 15 cm als nicht ausreichend angesehen wird, so macht man sie 18 oder 20, ja sogar 30 cm stark, und ebenso kann man die gewalzte Unterbettung nach Bedarf verstärken. Und dann ist auf Grund der Erfahrungen mit gewalzten Unterbettungen mit Sicherheit anzunehmen, daß kein Verkehr zu schwer für diese Konstruktion ist. Allein auf Moorboden, wo der Walzendruck keinen Widerstand von unten her findet, ist eine gute gewalzte Unterbettung mühsam anzulegen, aber auch in diesem Falle besteht ein großes Risiko für die Betonunterbettung.

Wenn man in einem bestimmten Falle zu wählen hat zwischen beiden Arten, dann wird man in der Regel der gewalzten Unterbettung eine etwas größere Dicke geben als der Betonunterbettung. Gibt man letzterer 20 cm Stärke, so wird sie einer gewalzten Unterbettung von 25 cm gleichzustellen sein.

Der Untergrund spielt jedoch bei der gewalzten Unterbettung eine größere Rolle wie bei dem Beton. Auf einem alten Sandbett wird z. B. bei gleicher Stärke die gewalzte Unterbettung noch widerstandsfähiger sein als Beton, weil das Sandbett und im allgemeinen der Untergrund bei einer gewalzten Unterbettung einen Teil der tragenden Konstruktionsteile der Straßenbefestigung ausmacht.

Eine alte Straßendecke von nur 10 cm Dicke wird z. B. in vielen Fällen eine ausgezeichnete Unterbettung abgeben, weil das darunterliegende Sandbett im Verlauf der Jahre derartig zusammengedrückt worden ist, daß es als eine hartgewordene Lage anzusehen ist und einen Teil der Unterbettung darstellt.

Technisches Risiko. Die Anlage einer Betonunterbettung bringt, technisch betrachtet, in allen Fällen mehr Risiko mit sich. Denn die Festigkeit des Betons hängt in hohem Maße von der Güte des Zements und dessen Verarbeitung ab. Faktoren, wie Feuchtigkeitsgehalt, Frost, Bindezeit, Mischung, Bodenverhältnisse usw. sind von Einfluß. Kurz, die Betonunterbettung muß mit besonderer Sorgfalt angelegt werden. Bei der gewalzten Unterbettung ist dies alles viel leichter. Sie wird bei der Anlage schon auf ihre Leistungsfähigkeit hin fortdauernd auf die Probe gestellt. Die Walze ist hierbei die Belastungsprobe, und wenn sie irgendwo infolge örtlicher Verhältnisse zu tief einsinkt, dann muß man dafür dankbar sein, denn man kann sofort die Fehlstelle in Ordnung bringen, indem man Reservematerial auffüllt und erneut unter die Probebelastung der Walze stellt.

Wenn man eine gewalzte Unterbettung in guter Form hat ausführen können, so ist auch ihre Tragkraft erwiesen und von örtlichen Einsenkungen kann dann keine Rede mehr sein. Wohl kann auf Moorboden der Straßenkörper in seiner Gesamtheit noch einsinken; auch kann dieses Versacken ungleichmäßig auftreten. Bei einer derartigen Katastrophe wird die gewalzte Unterbettung in weichen Formen mitsacken, während die Betonunterbettung brechen und reißen wird.

In bezug auf Verkehrssicherheit wird dann der Beton den kürzeren ziehen, auch wenn es Eisenbeton ist. Denn gerade die Eigenschaft, daß Beton örtliche Einsenkungen überbrücken kann, muß verhängnisvoll für ihn werden. Die Literatur verzeichnet hierüber bereits eine Anzahl von Unglücksfällen.

Verkehrshemmungen. In bezug auf die durch ihre Herstellung bedingten Verkehrsstörungen unterscheidet sich die gewalzte Unterbettung vom Beton in der Weise, daß sie sofort nach Fertigstellung der Walzarbeit dem Verkehr wieder freigegeben werden kann. Eine fertiggewalzte Unterbettung wird einigermaßen primitiv den Verkehr befriedigen können. In keinem Falle verursacht der Verkehr der Unterbettung Schaden. Die Betonunterbettung hat indessen ihre Bindezeit nötig.

Ein Vergleich zwischen den Zeiten, die beide Unterbettungen für die Anlage erfordern, ergibt wenig Unterschiede. Man kann per Tag keine größere Oberfläche in Beton herstellen als durch Walzen, während Vorbereitung und Bindezeit außerdem noch — zum Nachteil von Beton — ausfallen.

Isolierung. Wie steht es nun mit der Dichtigkeit der gewalzten Unterbettung. Sie ist porös: bei Asphaltstraßen hat diese Eigenschaft zwar keine Bedenken, weder in günstigem noch ungünstigem Sinne. Denn man darf nicht annehmen, daß Wasser durch die Decklage einen Weg nach unten sucht und ebensowenig wird Feuchtigkeit von Bedeutung in umgekehrter Richtung aufsteigen. Und wenn dies wirklich eintreten sollte, wird es die Decklage nicht beschädigen, auch nicht die feste Lage der Unterbettung benachteiligen.

Geräusche und Erschütterungen wird die Betonunterbettung nach Art eines Resonanzbodens in höherem Maße verursachen und fortpflanzen wie die dumpfe Steinunterbettung. In städtischen Straßen ist dies zweifellos von Bedeutung, für Landstraßen kann es ebensogut ein bedeutender Faktor sein: man denke nur an das Ungemach, das man in Häusern an großen Verkehrsstraßen durch den schweren Motorverkehr, besonders durch Frachtautos, erleidet.

Zwischenlage. Größeres technisches Interesse beansprucht die Verbindung der Decklage mit der Unterbettung. Wenn man für den sog. Sandasphalt eine gewalzte Unterbettung verwendet, so ist es gebräuchlich, zwischen Decklage und Unterbettung eine Zwischenlage von Steinschlagasphalt anzubringen, die einen Übergang von der rauhen und sehr porösen Steinunterbettung zur feinkörnigen Decklage bildet. Diese Zwischenlage hat dann noch die wesentliche Aufgabe einer Verankerung zwischen Decklage und Unterbettung. Sie befördert in hohem Maße die feste Lage der Decke, namentlich wenn sie nicht ganz geschlossen, sondern mehr als offene Mischung gemacht wird. Dies „offen" hat dann die Bedeutung von ungefähr 10% Porenraum zwischen den Steinstücken der gewalzten Zwischenlage. Die Steinunterbettung hat nach dem Walzen ungefähr 20% Hohlräume, die mit einem Füllstoff, gewöhnlich mit Sand, manchmal auch mit einer mehr bindenden Mischung von Sand und Lehm oder einer kiesartigen Zusammensetzung ausgefüllt werden.

Verbindung. Die Zwischenlage wird warm aufgebracht und heftet sich an die Steinstücke der Unterbettung so fest an, daß von Verschiebungen keine Rede mehr sein kann, während zu gleicher Zeit ihre rauhe und einigermaßen poröse Oberfläche der Decklage, also dem Sandasphalt, einen starken Halt gibt.

Sie befördert in hohem Maße die feste Lage der Decke, namentlich wenn der Anteil an Sand im Gemisch nur so groß ist, daß er bei Walzung der warmen Mischung nicht zwischen dem Steinsplitt hindurch an die Oberfläche herausgequetscht wird.

Dies ist von Bedeutung und schafft erst die Möglichkeit, den in der Wärme sehr plastischen und leicht verschiebbaren Sandasphalt mit absolut ebener Oberfläche zur Verlegung zu bringen und zu walzen.

Betrachtet man nun das Anhaften des Sandasphalts an der Betonunterbettung, so wird man feststellen, daß von einer festen Verbindung durchaus keine Rede sein kann. Die Decklage liegt lose auf der Unterbettung und ist somit wohl in der Lage, sich unter dem Druck des Verkehrs, der meist aus einer Richtung kommt, zu verschieben. Das Ergebnis kann sein, daß Wellen entstehen und sich verstärken. In den ersten Jahren sieht man sie nicht so stark auftreten. Sobald aber die Decke bis zu 2 cm Stärke abgenutzt worden ist, tritt das Verschieben und die Wellenbildung mehr und mehr ans Licht. Diese kriechende Bewegung der Sandkörner ist bei Verwendung einer Zwischenlage wesentlich abgeschwächt. Die Decke liegt hierbei fester und ruhiger, die ebene Fläche bleibt besser erhalten.

Nun wird man ohne Zweifel auf die Betonunterbettung auch mit viel Erfolg eine Zwischenlage auflegen können, indessen werden hierdurch einerseits die Kosten ziemlich beträchtlich erhöht, anderseits ist das feste Ankleben der Zwischenlage auf der Betonschicht doch nicht zu erreichen. Das letztere ist aber auch technisch keine so wichtige Forderung — die Verankerung der Decklage ist von größerer Bedeutung.

Hat somit für die Instandhaltung einer ebenen Fahrbahn die Zwischenlage ihren Nutzen, so ist sie in anderer Beziehung auch noch von großer Bedeutung.

Sandasphalt auf einer Zwischenlage soll somit mit dieser ein Ganzes bilden. Er dringt zum Teil in die Zwischenlage ein und ist unverrückbar mit ihr verbunden. Will man den Sandasphalt aufbrechen, so ist dies nicht möglich, ohne ein Stück der Zwischenlage mit aufzubrechen. Hieraus folgt, daß man die Decke bis auf die Zwischenlage hinab vollkommen abnutzen kann.

Man wird also die Decke total abnutzen können, bis man an die Zwischenlage, gekommen ist und hat daher einen Maximalaufbrauch der Decklage. Auf einer Betonunterbettung, auf der als Regel keine Zwischenlage verwendet wird, ist dies anders. Man hat hier kein festes Ankleben, und man wird daher den untersten Zentimeter, vielleicht auch 2 cm der Decke, nicht verbrauchen können. Vor dem Totalverschleiß wird eine derartige Formveränderung oder Abbröcklung eintreten, daß man zur Erneuerung schreiten muß, bevor die Decklage insgesamt verbraucht worden ist.

Man hat hier somit nicht die Maximalausnutzung der vollen Dicke der Decklage. Um gleiche Lebensdauer zu erzielen, wird man daher die Decklage auf einer Betonunterbettung 1—2 cm dicker machen müssen als auf einer gewalzten Unterbettung mit Zwischenlage. Man kann dies übrigens auch allgemein beobachten. In Amsterdam wird z. B. Sandasphalt auf Beton 5 cm dick gemacht und auf einer Zwischenlage 4 cm. Hierbei hat die Zwischenlage eine Stärke von 4 cm.

Kosten. Nach dieser technischen Betrachtung muß man die finanzielle Seite der beiden Systeme prüfen. Welche Unterbettung die billigere ist, kann nicht mit einem Wort gesagt werden. Wenn man Ziegelbruch zur Hand hat, wird die gewalzte Bettung billiger sein. An Plätzen, wo Beton billig hergestellt werden kann und wo bei Mangel an Ziegelbruch Natursteine angefahren werden müssen, wird der Preisunterschied nicht groß sein. Um aber im allgemeinen einen Vergleich zu machen, könnte man sagen, daß die Betonunterbettung ohne Zwischenlage ebensoviel kostet wie die Ziegelsteinunterbettung mit Zwischenlage. Muß man das Material für die Unterbettung kaufen, dann wird im allgemeinen die gewalzte Bettung mit der zugehörigen Zwischenlage etwas teurer sein. Diese Mehrkosten werden indessen wieder ausgeglichen, weil Sandasphalt auf einer Zwischenlage mindestens 1 cm dünner sein kann als auf der Betonunterbettung.

Wenn nun in den Kosten kein Unterschied von Bedeutung liegt, dann stehen eine ganze Anzahl von Vorteilen vom technischen Gesichtspunkte aus auf Seite der gewalzten Unterbettung. Sie liefert ein Asphaltpflaster von höherem Wert. Ist man in der Lage, wählen zu können, so wird die Wahl nicht schwer fallen.

Die verschiedenen Vorteile der gewalzten Unterbettung kommen deutlich zum Ausdruck in der wachsenden Anwendung, welche sie in Amsterdam gefunden hat: während dort früher diese Unterbettung überhaupt nicht vorkam und 1924 noch 43% der Gesamtfläche in Beton ausgeführt wurde, beträgt der Prozentsatz für 1925 nur noch 4,8%. Die Betonunterbettung findet dort also fast keine Anwendung mehr.

Folgerungen. Auf Grund vorstehender Betrachtungen kommt man zu folgenden Schlüssen:

1. Die Widerstandsfähigkeit einer Betonunterbettung und einer gewalzten Unterbettung kann auf gleiche Stufe gestellt werden.

2. Die gewalzte Unterbettung läßt kleine Formveränderungen ohne Schaden zu, die Betonunterbettung nicht.

3. Die Betonunterbettung bringt, technisch betrachtet, ein größeres Risiko mit sich als die gewalzte Unterbettung.

4. Die Bauzeit ist für beide Arten die gleiche.

5. Die gewalzte Bettung liefert ein geräuschloseres Pflaster als die Betonbettung.

6. Die gewalzte Bettung ist elastischer und dämpft Stöße und Erschütterungen ab, was die Betonbettung weniger tut.

7. Die Porosität der gewalzten Bettung ist kein Nachteil.

8. Die gewalzte Bettung fordert eine Zwischenlage, die Betonbettung nicht.

9. Die Zwischenlage ist technisch von großer Bedeutung und würde auf der Betonbettung auch nützlich sein.

10. Die Anlagekosten laufen im allgemeinen nicht viel auseinander.

11. Steht Ziegelbruch zur Verfügung, so ist die gewalzte Bettung billiger.

12. Die gewalzte Bettung liefert mit der Zwischenlage einen Straßenbau von höherem Gebrauchswert.

13. Eine gewalzte Bettung verursacht keine Risse in der Asphaltdecke.

IV. Seitliche Einfassung von Asphaltwegen.

Allgemeine Bemerkungen. Die Decklage mit bituminösen Bindemitteln bleibt in gewissem Sinne eine plastische Masse. Fortdauernden Stößen und Schwingungen durch den Verkehr unterworfen, hat sie mehr als irgendeine andere Straßendecke Neigung zum seitlichen Ausweichen — zur Verbreiterung.

Sobald sie zwischen feste Begrenzungen eingeschlossen wird, wie gepflasterte Bermen, Trottoirs, Rinnsteine mit hartem Gegenlager oder ähnliche feste Ränder, dann ist keine Stütze mehr notwendig.

Anders liegt der Fall, wenn dergleichen Anlagen nicht vorhanden sind; dann muß der seitliche Abschluß auf besondere Weise hergestellt werden. Hierfür sind zur Zeit hauptsächlich zwei Methoden in Gebrauch: Bordsteine und Betoneinfassung. Welche der beiden am besten ist, ist im allgemeinen nicht direkt zu sagen. Beide Arten haben ihr Für und Wider, was aus Nachstehendem hervorgehen wird.

In besonderen Fällen können weniger kostspielige Einfassungen, wie senkrecht gestellte oder in der Längsrichtung liegende Ziegelsteine, ausreichend sein. Jeder Einzelfall muß besonders behandelt werden: als Regel muß aber gelten, daß jede Asphaltdecke eine seitliche Einfassung, die entweder aus Natursteinen oder aus Kunststeinen oder aus einem mit Bitumen getränkten Schotterstreifen besteht, erforderlich macht.

Bordsteine. Die Bordsteine werden aus Natursteinen angefertigt, sind rauh behackt und mit geraden Ecken und Flächen versehen. Ihre Abmessungen sind voneinander abweichend, insbesondere ist in der Länge großer Spielraum gelassen. Die normalen Tiefbordsteine sind: 30—50 cm lang, 8—10 cm dick oder breit, 25—30 cm hoch. Die Längen schwanken zwischen 20 und 80 cm, Breite und Höhe halten sich in engeren Grenzen.

Die normalen Größen und Abmessungen gibt folgende Tabelle an:

Tabelle 4. Abmessung von Grauwackebordsteinen.

Länge in cm	Breite in cm	Höhe in cm	Anzahl laufende Meter für 10 t
30—50	8—10	20—25	220
30—50	8—10	25—30	180
30—50	10—12	25—30	160
30—50	10—12	30—35	130

Da der Preis dieser Bordsteine ihrem Gewicht entspricht, so ergibt sich aus obenstehenden Angaben für die gleiche Anzahl der laufenden Meter auf 10 t, daß die schwere Sorte beträchtlich teurer wie die leichte ist. Die Tabelle bezieht sich auf Grauwacke. Gebraucht man Basalt, so verringert sich die Anzahl der laufenden Meter um 10%, während belgischer Hartstein (petit granit) ungefähr mit Basalt übereinkommt. Deutscher und schwedischer Granit haben etwa das gleiche Gewicht wie Grauwacke.

Das am meisten verwendete Material für Bordsteine ist Grauwacke, weil sie hierzulande im allgemeinen am billigsten und in der Qualität als ausreichend zu betrachten ist. Im südlichen Holland wird noch belgischer Hartstein verwendet, wenn er auch einen schlechtgeformten Bordstein liefert. Auch wird in einzelnen Bauanschlägen wohl noch Basalt oder Granit vorgeschrieben oder zugelassen. Der Basaltbordstein kann besonders schön in der Form sein, wenn er aus Steinbrüchen mit Platten- oder Tafelbasalt stammt. Er ist aber ziemlich kostspielig, weil für uns in Holland die Frachten für diese Sorte Basalt reichlich hoch sind. Grauwacke ist ein brauchbares und gutes Material. Sie liefert Bordsteine von guter Form. Granit wird hier wenig gebraucht, er ist, ebenso wie Basalt, in den meisten Fällen zu teuer und auch zu gut für diese Zwecke. Für Fußgängereinfassungen dagegen ist er ein sehr gesuchtes Material.

Betoneinfassung (Betonbänder). Ein anderes System für die seitliche Einschließung bilden die Betonbänder. Sie haben den gleichen Zweck wie die Natursteine, werden auf der Arbeitsstelle hergestellt und bestehen meist aus leichtem Eisenbeton. Die Dicke schwankt zwischen 10 und 15 cm, die Höhe zwischen 25 und 40 cm, je nach der Stärke der gelegten Straßendecke und der Art der anschließenden Bermen. Der Eisenbeton enthält meist 3—4 Längsdrähte von 6 mm Stärke, die in Zwischenräumen von 30—40 cm durch senkrechte Stäbe der gleichen Stärke, die aber 5—10 cm kürzer wie die Höhe des Betonsteins sein müssen, untereinander verbunden sind. An Stelle von dichtgeflochtenem Netzwerk wird auch wohl elektrisch gewellte Gaze von gleichen Abmessungen verwendet.

Nun ist es nicht ganz einfach, zu sagen, welches dieser beiden Systeme den Vorzug verdient. Da man aber das Für und Wider beider Arten kennen muß, wenn man die richtige Wahl treffen will, so werden wir die hervortretenden Eigenschaften beider näher untersuchen müssen.

Oberflächlich besehen hat das Betonband viele Vorteile. Es liefert eine straffe Linienführung, die unstreitig dem Längenprofil des Weges zugute kommt. Auch ist die Geschlossenheit der seitlichen Einfassung eine beachtenswerte Eigenschaft, weil örtliche Abweichungen von der geraden Einfassung nicht vorkommen werden und die Randlinie nach dem Abbinden vortrefflich aussieht. Dabei ist vorausgesetzt, daß die Einfassung durch den seitlichen Druck der Walze nicht verändert wird. Leider zeigen sich aber Fälle, bei denen die Betoneinfassung dem seitlichen Druck der Walze nicht gewachsen ist. Es kommt auch vor, daß das Betonband bricht, woraus dann meistens eine seitliche Ausbauchung entsteht. Die Armierung des Betons verhindert dann wohl den totalen Durchbruch, aber der Beton ist gerissen und das Betonband ist dann doch um einige Zentimeter nach außen gedrückt. Indessen ist diese Erscheinung noch nicht so besonders ernst. Unangenehmer ist die Erscheinung, daß das Betonband beim Walzen der Unterbettung durch den Druck gegen die Seite und untere Kante gelegentlich nach oben gepreßt wird. Das ist nicht wieder gutzumachen, es sei denn, daß man Gefallen daran findet, die überschüssige Höhe am oberen Rand abzuhacken, ein Verfahren, das nicht gerade schön genannt werden kann, auch nicht praktisch ist, denn man erreicht damit, daß die senkrechten Drahtstäbchen der Armierung teils ganz, teils dicht an die Oberfläche geraten, wo sie den Gummireifen gefährlich werden können.

Hiermit kommen wir an die Schattenseiten der Betonbänder: ihre Ungeeignetheit, sie wieder neu zu setzen. Wenn man die Bordsteine aus Naturgestein mit der Walze beiseite drückt, kann man sie nach Abwalzung der Unterbettung und der Decklage wieder gerade richten, und wenn sie etwas zu hoch stehen, so läßt man einfach das Walzenrad beim Abwalzen der Decklage darüberlaufen. Auf diese Weise kommt dann die Oberfläche des Weges mit der oberen Kante des Bordsteins in gleiche Höhe und beide liegen gut aneinandergeschlossen. Sie werden gleichzeitig nach unten gewalzt und bilden nahezu ein Ganzes.

Bei den Betonbändern dagegen wird die Decklage unabhängig vom Betonband gewalzt. Man muß mit der Walze das Band soviel wie möglich vermeiden, denn wenn man darüber hinwalzt, ist die Aussicht auf Beschädigung sehr groß. Zerstörung der Oberfläche, Abbröckelung der Ecken und selbst Bruch in senkrechter Richtung sind häufig vorkommende Erscheinungen.

Höhenbestimmung. Das größte Bedenken gegen den Gebrauch von Betonbändern ist aber unzweifelhaft ihre feste Höhenlage. An sich ist das natürlich eine gute Eigenschaft: bei Ausführung des Wegebaues können aber dadurch große Schwierigkeiten entstehen.

In besonderem Maße tritt dieser Nachteil bei Neuanlage von Wegen in Erscheinung, und zwar bei Bestimmung der Ausgrabungstiefe für die zu legende Fahrbahn. Man muß dann mit einer ganzen Anzahl von unsicheren Faktoren rechnen und es ist große Erfahrung und viel Glück nötig, um dann bei normaler Ausgrabungstiefe genau mit der oberen Fläche des Betonbandes zurechtzukommen. Einmal ist nicht genau festzustellen, wieviel der Untergrund unter dem Druck der Walze noch einsinken wird, zum anderen ist es unsicher, wieviel das Steinmaterial in den Boden gedrückt wird, ferner ist nicht genau bekannt, wie stark der Steinschlag unter der Walze zusammengepreßt wird, und schließlich besteht die kaum zu verhindernde Möglichkeit, daß das Betonband durch den Druck von unten und der Seite in die Höhe gedrückt wird. Vor allem ist das Nachsacken des Bodens unsicher. Besonders wenn dieser aus Lehm besteht, ist bei nassem Wetter keine Grenze zu ziehen. Ein fester Sandboden dagegen bringt wenig Überraschungen. Nun kann man, wenn die Unterbettung unter der Walze zu tief zu liegen kommt, durch dauernde Auffüllung natürlich die gewünschte Höhe wohl erreichen, aber damit sind dann ziemlich große Kosten verbunden. Dagegen erhält man eine zu geringe Hartschicht, sobald die Einsinkung und Zusammenpressung in geringerem Maße Platz greift, wie man gerechnet hatte. Will man von vornherein die Höhenverminderung der Hartschicht ungefähr bestimmen, so kann man annehmen, daß die Hartschicht im ganzen ungefähr 5 cm nach unten gedrückt wird, und daß sie durch das Walzen 25% ihrer Dicke verliert. Bei neuen Anschüttungen und bei Lehmboden können die hier genannten 5 cm sich mehr als verdoppeln. Wesentlich günstiger stellt sich diese Höhenfestsetzung bei Verwendung einer alten Hartschicht als Unterbettung. Hierbei hat man kein Nachsacken und keine Einsinkung zu erwarten und die neue Decklage wird nicht wesentlich in die alte Hartschicht eingedrückt. Nur bei Verbreiterung der Unterbettung muß man auf die neuen Streifen des Baues sorgsam achten.

Schotterstreifen. In jüngster Zeit ist des öfteren an Stelle der Natur- und Betonbordsteine als seitliche Abgrenzung des Asphaltbelages eine mit Bitumen getränkte Schottersplittpackung zur Ausführung gekommen, die sich allem Anschein nach in stärkerem Umfange insbesondere bei Landstraßen decken einbürgern wird. Dabei wird an Stelle von Natur- und Betonbordsteinen eine einfache Packung mit Grobschotter an die Ränder der Asphaltdecke geschüttet. Der Schotter wird mit Splitt überstreut und festgewalzt, alsdann erhält der in ca. 25—30 cm Breite herzustellende Schotterstreifen einen einmaligen Teer- oder Asphaltüberguß, der nochmals abgesplittet wird. Das Legen der Asphaltdecke erfolgt mit Hilfe von Holzleisten, die festgekeilt werden. Nach Erhärtung der Decke werden die Holzleisten entfernt und die Schotterung in 25—30 cm Breite und ca. 10 cm Höhe angefüllt und wie oben beschrieben hergestellt.

Alle Versuche mit dieser Seitenbekleidung sind geglückt. Seitliche Abbröckelungen der Decke am Schotterstreifen treten nicht ein. Man erhält außerdem durch dieses Verfahren eine 50—60 cm breitere Fahrbahn. Schließlich ist die Schotterbekleidung der Ränder einschließlich des dazu notwendigen Bitumens billiger als die Randbefestigung mit Zement oder Natursteinen.

Folgerung. Aus Obenstehendem kann man den Schluß zieben, daß, allgemein gesprochen, dem leicht zu ersetzenden Naturbordstein der Vorzug gegeben werden muß. In vielen Fällen wird er wohl mit gutem Erfolg durch das Betonband ersetzt werden können. Die Möglichkeit hierzu muß in jedem besonderen Fall technisch und praktisch einer Prüfung unterzogen werden.

Die billigere Art der Randbefestigung durch einen bituminösen Schotterstreifen wird wohl mit der Zeit auf Landstraßen die bisher übliche Randbefestigung durch Natur- oder Zementbordsteine verdrängen.

V. Der Straßenquerschnitt. Die Kurven. Das Gefälle.

Der Straßenquerschnitt. Die Asphaltstraße hat eine glatte Oberfläche, das Regenwasser kann daher ungehindert und schnell seitlich abfließen. Hieraus folgt, daß man mit kleinem Quergefälle auskommen kann. Je glatter und dichter die Straßendecke, um so geringeres Quergefälle ist erforderlich.

Anderseits darf nicht übersehen werden, daß die Gesamtheit der auf den Weg fallenden Wassermenge auch gut abgeführt werden muß, weil die Straßendecke undurchlässig ist. Die Decke selbst nimmt kein Wasser auf, wie es z. B. bei Pflasterung oder bei Makadam der Fall ist. Die Folge hiervon ist wieder, daß jede Unebenheit in einer Asphaltdecke bei Regen sichtbar wird und Veranlassung zu Pfützen geben kann. Auf Grund dieser Tatsache ist es nicht ratsam, das Quergefälle auf das geringste Maß zu bringen, im Gegenteil, man muß soviel Querschnitt anwenden, wie der Verkehr, ohne ihn zu hindern, vertragen kann. Ein gewisses Quergefälle ist nun einmal ein notwendiges Übel für eine Straßendecke, es ist nur schwer, sich zu entscheiden, wie weit die Notwendigkeit des Quergefälles reicht.

Die Frage ist: Wo liegt die Grenze? Für einen guten Asphaltweg ist 2 cm per Meter oder 2% des Quergefälles der Straßendecke vielleicht ausreichend: im allgemeinen kann man sagen, daß selbst 3 cm noch nicht schädlich sind. Ein Querprofil von 3% ist für den Verkehr noch nicht hinderlich und im Wagen merkt man das Gefälle kaum.

Bei dem hierzulande allgemein gebräuchlichen Profil, bei dem die Oberfläche eine bogenförmige Gestaltung hat, erreicht man keine gleichmäßige Wasserableitung und die Außenseiten der Decklage erhalten zuviel Neigung. Dies kann bei Benutzung der Seiten des Weges, wie z. B. beim Ausweichen, von Nachteil sein.

Bei breiten Wegen hat man deshalb ein dachförmiges Profil vorgezogen, und das hat seine Vorzüge. Man erhält dann zwei gleichmäßig abfallende Flächen, die in der Mitte in 1—2 m Breite durch einen Bogen miteinander verbunden sind. Ist der Weg schmaler als 4 m (was eigentlich nicht mehr vorkommen sollte), hat es keinen Sinn mehr, diesen Querschnitt anzuwenden, man kann dann besser das gewöhnliche bogenförmige Profil behalten.

Bei der Bemessung des Querprofils kann man auch das Längsgefälle in Betracht ziehen. Wege mit Gefälle verlangen sehr geringes Querprofil. In Kurven ändert sich der Querschnitt stark, weil dann ein ganz besonderes Profil notwendig ist.

In Normalfällen und bei flachen Wegen ist bei Anwendung des bogenförmigen Profils $^1/_{60}$ der Breite nicht übertrieben. Ein Asphaltweg von 6 m Breite erhält dann 10 cm Quergefälle.

Bei Anwendung des dachförmigen Profils würde ein Weg von 6 m Breite bei einer seitlichen Wasserableitung von 3 % in der Mitte ungefähr 8 cm höher liegen wie die Ränder: 3% von 3 m ist 9 cm, hiervon geht 1 cm ab durch die Abplattung in der Mitte.

Sandasphalt (Sheetasphalt) und auch der moderne Streichasphalt können etwas flacher gelegt werden als Steinschlagasphalt (Asphaltbeton) und Asphaltmakadam. Erstgenannte Bauart ist etwas dichter und feiner in der Korngröße, aber sie kann auch sorgfältiger profiliert werden, so daß Unebenheiten weniger oft zu befürchten sind.

Kurven. Die Kurven in einem Asphaltweg sollten ohne zwingenden Grund nicht schärfer als mit einem Radius von 250 m angelegt werden. Der moderne Verkehr fordert freie Aussicht und weiche Kurven. Außerdem muß das Straßenprofil in den Kurven eine derartige Form erhalten, daß bei normaler Schnelligkeit die Wagen nicht seitlich infolge der Zentrifugalkraft abgleiten. Und da ein Fahrzeug in Kurven eine breitere Fahrbahn einnimmt als auf der Geraden, ist auch eine Verbreiterung in einigermaßen scharfen Kurven notwendig.

Der Schnellverkehr fordert in der Kurve sowohl Überhöhung der Außenseite wie auch Verbreiterung der Fahrbahn. Da auf den meisten Wegen auch noch langsamer Verkehr vorkommt, kann man deshalb nicht nach genau feststehenden Grundsätzen verfahren, wie es z. B. bei Anlage von Eisenbahnen in Kurven möglich ist: man wird aber einen Kurvendurchschnitt zu wählen haben, der dem Schnellverkehr befriedigende Sicherheit bietet und dem langsamen Verkehr, wo keine mittelpunktfliehende Kraft wirkt, noch keine Nachteile verursacht.

Eine Ausnahme von diesem Normalfall bildet die in der letzten Zeit hier und da angelegte Automobilstraße speziell für Schnellverkehr.

Als Maximum des Querprofils ist in Rücksicht auf den Pferdezug für eine Asphaltstraße bei 4% die Grenze zu erblicken. Dieses Höchstmaß kann man in den schärfsten Kurven anwenden und den Weg mit einseitiger Wasserableitung anlegen. Die Außenseite des gebauten Weges kommt somit um 4 % der Straßenbreite höher zu liegen als die innere Seite. Der Übergang vom normalen Profil zum Kurvenprofil kann bei den Tangentenpunkten der Kurve oder auch etwas früher anfangen.

Bei einer Straßenbreite von 5 m wird das Quergefälle also 20 cm betragen, bei 6 m 24 cm. Zur Vermeidung des langen Weges, den das Wasser zum seitlichen Abfluß in derartigen Kurven zurückzulegen hat, kann man den äußeren Rand der Straße in einer Breite von 0,50—1 m auch wohl nach außen wasserableitend anlegen, weil man annehmen kann, daß dieser Streifen nur in seltenen Fällen benutzt wird.

Die obengenannte Maximalverkantung wendet man in Kurven mit einem Radius von 100 m oder weniger an. Von 100—250 m Radius kann man in gleicher Weise bis zur Hälfte heruntergehen und bei Kurven mit 500 m Radius läßt man die Verkantung ganz fort.

Was die Verbreiterung des Weges in den Kurven angeht, kann man Kurven von 250 m Radius in der gewöhnlichen Breite anlegen. Bei einer Kurve mit 50 m Radius wird man gut tun, die Breite um 20% zu vergrößern, und dazwischen kann man nach Umständen handeln, auch in Verbindung mit dem vorhandenen Raum in der inneren Kurve.

Das Gefälle. Der moderne Asphaltweg ist nicht so glatt wie der Stampfasphalt. Konnte man diesen grundsätzlich nicht bei Neigungen anwenden, die stärker als 2% oder höchstens $2^1/_2$% waren, so legt man den Sandasphalt bis zu 4% und unter Verwendung von gemahlener Abfallschlacke sogar bis zu 5%. Asphaltbeton ist in Deutschland sogar in Steigungen von 8% verlegt worden, ohne daß Klagen wegen Glätte laut geworden sind. Die südliche Rampe der Koekjesbrücke in Amsterdam hat ein Gefälle von 5,4% und ist in Clinkerasphalt (Schlackenasphalt) ausgeführt. Früher lag hier eine Pflasterung, über die bei Glätte fortdauernd geklagt wurde. Jetzt, nach der Asphaltierung, hört man keine Klagen mehr.

Der Schweizer Ingenieur S t e i n e r (der wissen muß, was Gefälle heißt!) gibt in seinem Bericht für den Internationalen Straßen-Kongreß 1923 als Maximalgefälle für Stampfasphalt 2,5%, für Sandasphalt 4% und für Streichasphalt $4^1/_2$% an.

In England und vor allem in Amerika legt man noch Asphalt, auch wenn die Wegestrecken noch viel steiler sind. So spricht z. B. R i c h a r d s o n von Wegestellen, die selbst bis zu 17% Gefälle haben. Jedenfalls, sagt er, ist 8% für warme Gegenden und 10—12% für ein mittleres Klima recht gut möglich und ist die alte Ansicht von 4—5% ein Irrtum.

Für die Verwendung von Asphaltdecken auf Wegestrecken mit Gefälle ist natürlich eine ganze Reihe von Umständen mitbestimmend. In erster Linie ist die Länge der Neigung und dann auch die Art des Verkehrs maßgebend.

Eine kurze Neigung kann steiler sein wie eine lange, und für vorzugsweise Pferdezug muß das Gefälle weniger steil sein als für Motorverkehr.

Auf Grund der Erfahrungen in Amerika wird man aber gut tun, sich nicht zuviel Sorgen zu machen über die Steigungen. Fälle, daß Asphalt in zu steiler Neigung gelegt worden ist und deshalb den Verkehr erschwerte oder behinderte, sind hierzulande noch nicht vorgekommen.

VI. Stampfasphalt.

Allgemeines. Der Stampfasphalt ist im Augenblick ziemlich in den Hintergrund gedrängt. Die Frage wird sein, ob diese Zurückdrängung lange standhalten wird. Bei dem augenblicklichen Zustand der Technik und bei den herrschenden Preisen auf diesem Gebiet liegt aber für die Straßenbauverwaltung keine Veranlassung vor, Stampfasphalt anzulegen. Es geschieht darum auch weniger aus technischen Gründen wie aus dem Wunsche nach Vollständigkeit, wenn dieser Art von Asphaltdecke noch einige Seiten gewidmet werden.

Im Stampfasphalt finden wir die älteste Verwendung des Asphalts auf Straßen. Vor ungefähr 50 Jahren wurde in den Hauptstädten Europas damit begonnen. Zuerst trat Paris 1854 in der Rue Bergère damit auf, Amsterdam 1873. Es ist also auch noch ein verhältnismäßig junges System, und wenn es jetzt schon den Kampf ums Dasein mit den neuzeitigen Konstruktionen antreten muß, dann ist seine Glanzzeit von nur kurzer Dauer gewesen. Inzwischen sind in diesen 50 Jahren Millionen von Quadratmetern angelegt worden, und es ist wohl keine Stadt von Bedeutung zu finden, die nicht eine Straße in Stampfasphalt aufweisen kann. In den weitaus meisten Fällen licferte der Stampfasphalt ein gutes und dauerhaftes Stadtpflaster. Es wird aber sowohl in technischer wie auch in finanzieller Hinsicht jetzt durch die neuzeitlichen Asphaltkonstruktionen übertroffen.

Herstellung. Die Herstellung von Stampfasphalt ist recht einfach. Auf die Betonunterbettung von 15—20 cm Dicke wird die Asphaltmasse gelegt, die nach der Fertigstellung eine Stärke von 4—6 cm hat.

Zu diesem Zwecke wird das nachstehend näher beschriebene Asphaltpulver auf eine Temperatur von 100—150° C gebracht und als eine Art trockenes Mehl auf die Betonlage ausgebreitet. Die Dicke der aufgebrachten Pulvermasse muß fast doppelt so groß sein wie die gewünschte Stärke selbst nach dem Walzen. Will man z. B. 5 cm Stärke nach dem Walzen erreichen, muß man bis zu einer Dicke von ungefähr 8 cm ausbreiten, weil die aufgelegte Schicht etwa 40% bei der Bearbeitung einbüßt. Weiter kann man annehmen, daß der Verkehr noch eine weitere Zusammenpressung von etwa 10% bewirkt, so daß schließlich nach Verlauf eines Jahres sicher nicht mehr als die halbe Stärke der ursprünglich aufgelegten Decke vorhanden ist.

Nachdem das warme Pulver gleichmäßig verteilt und wagerecht abgestrichen ist, wird die Lage leicht gestampft und mit warmen Handwalzen von etwa 50—100 kg festgewalzt. Danach wird sie noch einmal tüchtig und fest gestampft und schließlich mit einer Handwalze von 600—800 kg übergewalzt. Nach dieser Behandlung hat die Decke noch eine ziemlich rauhe und poröse Oberfläche, die man mit warmen Streicheisen an langen Stielen unter starkem Aufdrücken glattstreicht. Nach der Abkühlung kann dann der Asphalt dem Verkehr freigegeben werden.

Eine Merkwürdigkeit von jedem Asphaltpflaster, das auf den Weg gelegt wird, besteht darin, daß es unter dem Verkehr sich weiter zusammenpreßt. So auch bei Stampfasphalt. Neuer Stampfasphalt hat ein spezifisches Gewicht von 2,05, und wenn er 10 Jahre in der Straße gelegen hat, beträgt es 2,25—2,35. Hieraus geht die Verdichtung des Materials, die es unter dem Verkehr erleidet, hervor.

Diese Verdichtung oder Nachkomprimierung hat zwei Folgen: Der Asphalt erhält mehr Widerstandskraft gegen den Verschleiß, und er wird härter. Diese letztere Eigenschaft hat wieder zur Folge, daß die Risse, die stets in der Betonunterbettung auftreten, auch in der Asphaltlage sichtbar werden. Während der ersten 5 Jahre scheint der Stampfasphalt so viel Elastizität zu besitzen, daß er diese Formveränderung im Beton aushalten kann: sobald aber die oben beschriebene Verdichtung eine gewisse Grenze erreicht hat, scheint er brüchig zu werden. Die Abbröckelung des Stampfasphalts ist aber nur dann möglich, wenn die Lage dünn und hart geworden ist. Diese Erscheinung deutet dann auch in der Regel auf das Ende der Decklage hin.

Man hat übrigens erkannt, daß der Stampfasphalt die hier besprochene Verdichtung dringend nötig hat. Die relative Porosität von neuem Stampfasphalt ist die Ursache der geringen Haltbarkeit. Er nimmt Wasser auf, und dies schadet, besonders bei Frost, dem Gefüge an sich. Stampfasphalt braucht daher Verkehr, am besten starken Verkehr, übrigens genau so wie jede andere Asphaltdecke.

Über die Lebensdauer des Stampfasphalts haben wir ausreichende Unterlagen. Der erste Stampfasphalt in Amsterdam wurde in der Kalverstraße im Jahre 1873 gelegt in der Dicke von 5 cm nach dem Walzen. Im Jahre 1892 mußte er erneuert werden. Es ist eine bekannte Tatsache, daß Stampfasphalt am meisten durch den Fußgängerverkehr abgenutzt wird. In Geschäftsstraßen und auf stark begangenen Bürgersteigen kann er dann auch bei einer Dicke von 5 cm gewöhnlich nicht länger wie 20 Jahre halten.

Asphaltpulver. Der Hauptbestandteil bei Stampfasphalt ist natürlich das Asphaltpulver, welches für Anlage der Decke gebraucht wird. Es ist gemahlener Asphaltkalkstein, der in verschiedenen Weltteilen,

jedoch vornehmlich in Europa gefunden wird. Daß sich die Haupt-
stellen auf unserem Kontinent befinden, ist denn auch wohl der Haupt-
grund dafür, daß Stampfasphalt in Amerika und selbst in England
wenig Eingang gefunden hat.

Bekannt sind die Gruben für Asphaltkalkstein im „Val de Travers",
Kanton Neuchâtel (Schweiz), Seyssel - Pyrimont im Süden von
Frankreich, Lobsann im Elsaß, Vorwohle in Braunschweig, Lim-
mer in Hannover wie auch die Fundstellen in Sizilien. Auch in
Nordamerika kommen einige Gruben vor, diese liefern jedoch einen
Asphaltstein von sehr verschiedener Qualität, besonders was den Ge-
halt an Bitumen betrifft. Während die Gruben auf unserem Kontinent
Asphaltgestein mit einem Bitumengehalt von 8—10% ihres Gewichtes
liefern, wechselt dieser Prozentsatz bei den amerikanischen Sorten von
3—36%.

Der gemahlene Asphaltstein muß ganz bestimmte Eigenschaften
besitzen, ein besonders wichtiger Faktor ist sein Bitumengehalt. Diesen
muß man in erster Linie untersuchen und, falls erforderlich, ändern.
Ist er zu klein, kann ein fetteres Asphaltsteinpulver hinzugefügt werden,
und für den seltenen Fall, daß der Asphaltstein zu fett ist, muß er mit
mageren Sorten vermischt werden.

Wenn man die städtischen Stampfasphaltstraßen besichtigt, erkennt
man darin in der Regel zwei deutlich hervortretende Übelstände: Unebenheiten und Zerbröckelungen. Der erstere ist meistens die Folge
eines zu bitumenreichen Asphaltpulvers, das bei großer Hitze aufquillt
und dadurch dauernd runzlich ist. Die Zerbröckelung ist, abgesehen
davon, daß es eine Alterserscheinung ist, oft eine Folge von Rissen
in der Betonunterbettung, manchmal ist auch die Zusammensetzung
des Asphaltpulvers schuld daran.

Stampfasphalt ist glatter als der später zu erwähnende Sandasphalt,
besonders als der Sandasphalt mit gemahlenen Schlacken. Im übrigen
aber ist der Stampfasphalt eine brauchbare Stadtpflasterung. Die Anlage erfordert ziemlich viel Zeit, per Tag werden durch eine Schicht
nur 200—250 qm fertiggestellt; er ist darum für große Oberflächen, wie
auf Landwegen, nicht geeignet. Übrigens macht der Preis ihn auch
weniger wirtschaftlich für diese Verwendung. Der Sandasphalt steht
in diesen Punkten für Verwendung im großen viel günstiger.

VII. Der Plattenasphalt.

Allgemeines. Der Plattenasphalt kommt in zwei verschiedenen Arten auf den Markt: unter Verwendung von Naturasphalt und unter gänzlichem oder teilweisem Gebrauch von Petroleumbitumen. Dieses Fabrikat ist also ein synthetisches Produkt und hierzulande mehr bekannt unter dem Namen „Asphaltblocks", während jenes als Asphaltplatten oder Stampfasphaltplatten bekannt ist.

Der Plattenasphalt hat unstreitig vor der Art, bei der das Material warm auf den Weg gebracht und verarbeitet werden muß, den Vorteil, daß er jederzeit und bei jeder Oberfläche verarbeitet werden kann. Für kleinere Arbeiten liegt es daher auf der Hand, Platten zu gebrauchen.

Demgegenüber ist das Nahtlose der anderen Bauart ein Vorteil, während auch die geringere Elastizität der Platten und besonders der „Blocks" kein günstiger Faktor ist.

Die Asphaltmasse für diese Platten muß nämlich von anderer Art sein wie bei warmer Verwendung auf dem Weg. Man muß den Platten eine ziemlich große Härte geben, damit sie aufgestapelt, verladen und transportiert werden können, ohne ernstlich beschädigt zu werden oder sich zu werfen. Kann man z. B. den Sandasphalt mit Asphalt herstellen, der eine Penetration von 45—55 hat, so ist für die bekannten Asphaltblocks nach Blanchard Bitumen nötig mit einer Penetration von 15—20. Außerdem wird der Prozentsatz an Bitumen kleiner genommen.

Mit den Ergebnissen der Plattenasphaltverwendung ist man nicht immer zufrieden. An erster Stelle liefert die große Anzahl von Nähten eine ebenso große Anzahl von Angriffsstellen für schnellere Beschädigung und Abnutzung. Die Platten des Stampfasphalts sind in dieser Hinsicht viel günstiger wie die Blocks. Die Nähte darin schließen sich bei Benutzung der Straße, so daß das Pflaster auf die Dauer ein ziemlich geschlossenes Ganzes bildet. Bei den sog. Asphaltblocks bleiben jedoch die Nähte stets sichtbar und haben sogar Neigung zur Abbröckelung. Übrigens wird das Resultat mit Plattenasphalt meistens beherrscht von der Zusammenstellung und Form der Platten oder Blocks. Vor allem ist die Form bei den Blocks ein wesentlicher Faktor, weil bei den in Holland gebräuchlichen belgischen Blocks Verschiedenheiten in Breite und Dicke vorkommen, die höchst nachteilig auf die Dichtigkeit und Ebenheit des Pflasters wirken. Bei den Asphaltplatten hat man auch eine große Abnutzung festgestellt; in Amsterdam und Brüssel hat man zur Beseitigung dieses Übels das Asphaltplattenpflaster mit einer Spramexschicht versehen. Auf diese Weise konnte man die Abnutzung beschränken und die garantierte Mindestdicke nach 5 Jahren behalten.

Bauart. Die Bauart des Plattenasphalts ist sehr einfach. Als Unterbettung verwendet man mit Vorliebe eine Betonlage. Die Stampfasphaltplatten, die bei einer Dicke von $2^1/_2$—5 cm eine Abmessung von 25×25 cm haben, werden in eine Lage Zementmörtel von ungefähr 1 cm Stärke auf den Beton gelegt. Danach werden die Fugen mit Asphaltpulver oder Zement dicht gemacht. Man hat die Platten auch wohl in eine dünne Lage von Asphaltpulver gelegt, während die Blocks an einzelnen Orten in Starkoline (ein Kohlenteerprodukt) gelegt werden. Wegen der ungleichmäßigen Dicke der Blocks ist die Verarbeitungsmethode jedoch nicht gerade einfach. Das Einlagern in eine dünne Lage Zementmörtel hat den Vorteil, daß man die Oberfläche gut eben legen kann. Zum Abbinden der Mörtellage ist aber für einige Tage Verkehrsverbot notwendig.

Die Platten oder Blocks werden an den Seiten zur Schließung der Fugen mit einem warmen, flüssigen, bituminösen Präparat, Goudron, Starkoline, Shelfalt oder etwas Ähnlichem bestrichen. Zur Verhinderung des Verwerfens der Platten bei einseitigem Verkehr legt man in regelmäßigen Abständen eine Verankerung in die Querfugen, die die Unterbettung mit den Platten verbindet.

Asphaltplatten. Die hier besprochenen Bauarten stehen und fallen mit der Beschaffenheit der Platten. Sie müssen von besonders guter Qualität sein. Mit Stampfasphaltplatten ist das Resultat ziemlich sicher. Hierfür kann man den von alters her erprobten Stampfasphalt oder Val de Travers oder eine ähnliche Sorte nehmen, und die Zusammenpressung kann nach den Forderungen der modernen Technik stattfinden.

Stampfasphaltplatten sind auch noch in anderen Sorten auf den Markt gebracht worden: kleiner und dünner für Fußgängerwege, auch in anderer Zusammensetzung. So wird ein französisches Produkt angeboten, Lithofalt genannt, welches aus $^2/_3$ Asphaltkalksteinpulver und $^1/_3$ Sand besteht und dem 9—10% Trinidadasphalt als Bindemittel zugefügt werden. Bei einer Temperatur von 150° C wird die Masse unter einem Druck von 500 kg auf den Quadratzentimeter hydraulisch gepreßt, und man erhält das in gutem Ruf stehende Produkt Lithofalt. Diese Platten werden für Fahrwege in Abmessungen von 10×20 cm bei einer Stärke von 4—5 cm hergestellt, für Bürgersteige von 1,5—2 cm Stärke.

Die sog. Asphaltblocks sind amerikanischen Ursprungs und haben in einzelnen Gebieten eine ziemlich ausgebreitete Verwendung gefunden. Auf dem Festland sind sie durch die amerikanische Firma mit Hilfe einer belgischen Filiale in den Handel gebracht und auch in Holland hier und da erprobt worden.

Der Grundstoff dieser Blocks ist nichts anderes als ein ziemlich dichter Steinschlagasphalt. Nach den amerikanischen Vorschriften darf 70—75% Steingrus mit einer Höchstabmessung von 10 mm darin vorkommen und nach der belgischen Analyse 70—72% Porphyrgrus von 2—5 mm. In Belgien fügt man noch 20% Kalksteinpulver und 8—10% Bitumen hinzu. Die Abmessungen betragen $30{,}5 \times 12{,}7 \times 5$ cm. In der Länge ist eine Abweichung von 6 mm und in der Breite und Stärke eine solche von 3 mm zulässig. Letzteres ist für die Verarbeitung ein höchst lästiger Umstand. Sie werden unter einem Druck von 500 kg per Quadratzentimeter bis zur Hälfte ihres ursprünglichen Volumens zusammengepreßt und erhalten ein Raum-Gewicht von 2,37. Die Abnahmebedingungen lauten auf 2,3—2,5 Raum-Gewicht und auf eine Wasseraufnahme von höchstens 1%. Die Penetration des Asphaltbindemittels darf bei 25° C 15—20 betragen.

Die Asphaltblocks haben in Amerika bzw. Belgien folgende Normalzusammenstellung:

Tabelle 5. Zusammensetzung der Asphaltblocks.

Art des Materials	Belgisches Fabrikat	Amerikanisches Fabrikat
Steingrus, Höchstgröße 10 mm .	—	70—75%
,, ,, 5 mm .	70—72%	—
Feiner Füllstoff	20%	15—20%
Bitumen	8—10%	6—8,5%

VIII. Der Guß- oder Streichasphalt.

Unter den verschiedenen Asphaltstraßenbelagssorten kann Gußasphalt mit auf die längste Geschichte zurücksehen. Schon zu Anfang des vergangenen Jahrhunderts hat man an einigen Stellen in der Schweiz und in Frankreich aus den dort gewonnenen Asphaltkalksteinmassen Gußasphalt hergestellt. Man hat den Asphaltkalkstein unter Zusatz von reinem Asphalt aufgeschmolzen und als Belag für Bürgersteige benutzt. Gußasphalt kam besonders zur Entwicklung in den Gegenden, die über die Rohstoffe, insbesondere über Asphaltkalkstein verfügen. In einer Reihe von Ländern konnte sich dagegen bis auf den heutigen Tag der Gußasphalt überhaupt noch nicht oder nur in geringem Umfange einbürgern. Amerika, das Land des Walzasphaltes, kennt ihn kaum, England nur wenig, in Holland ist er durch Walzasphalt vollkommen verdrängt. Eine gewisse Bedeutung hat er früher als Bürgersteigbelag gehabt, jedoch wird er heute durch die sich stets mehr ausbreitende Verwendung von Zementplatten für diesen Zweck mehr und mehr zurückgedrängt. In den Ländern, die über Lagerstätten von Kalksteinasphalt verfügen, Schweiz, Frankreich, Italien, Deutschland, hat er seit seinem Aufkommen stets eine Bedeutung als Fahrstraßenbelag besessen. Die Urteile über seine Eignung dafür sind allerdings nicht immer günstig gewesen. So schrieb Professor Bredtschneider vom technischen Untersuchungsamt der Stadt Berlin-Charlottenburg in den Veröffentlichungen der Studienkommission „für Asphalt und Teer" von der Vereinigung technischer Oberbeamten deutscher Städte noch im Jahre 1915: „der gewöhnliche Gußasphalt mit einem Gerüst von Kieskörnern wird nur zu vorläufigen Ausbesserungen von Stampfasphalt im Winter verwandt. Bei dem starken Verkehr in Berlin hat er sich nicht bewährt".

Es ist zu beobachten, daß der Gußasphalt in der Nachkriegszeit in Deutschland in der Qualität wesentlich verbessert worden ist und daß die bei seiner Herstellung jetzt übliche Verwendung von größeren Rührwerksmaschinen große Gleichmäßigkeit der Mischung und außerdem noch höhere Tagesleistungen ermöglicht. Die mühsame und langwierige Art der Verlegung, Ausbreiten von Hand und Glätten mit Streichern, hat man allerdings bis heute noch nicht durch Maschinenarbeit ersetzen können.

Zusammensetzung. Es ist von Interesse, die Grunderfordernisse für die Herstellung eines guten Gußasphaltes klarzulegen. In einer Gußasphaltmischung muß Asphalt in solcher Menge vorhanden sein, daß er die Porenräume zwischen dem möglichst dichtgelagerten Mineralmaterial völlig ausfüllt. Zur Erreichung der Gieß- und Streichfähigkeit ist noch darüber hinaus ein Überschuß an Asphalt nötig, der allerdings nur möglichst gering bemessen werden darf. Auf 100 ccm Mineralmasse, mit etwa 18 ccm Porenraum, sollte er nicht mehr als 3, höchstens aber nur 5 ccm betragen. Als Fehler der meisten Gußasphaltgemische findet man, daß diese Forderung nicht erfüllt ist. Meistens wird viel zu viel Asphalt genommen. In solchen Fällen schwimmen die Mineralteile gleichsam lose im Asphalt. Deformationen der Masse, besonders beim Erweichen des Asphaltes durch höhere Temperatur, sind möglich und dann erkenntlich an den oft zu beobachtenden Eindrücken und Verschiebungen in den Gußasphaltbelägen.

Das Verfahren, größeren Überschuß an Asphalt zu nehmen, als Ausgleich dafür aber den Asphalt recht hart zu halten, führt zu Belägen, die im Winter leicht Risse bekommen. Das harte Bitumen wird bei den Wintertemperaturen spröde und unelastisch. Außerdem zeigen solche Beläge einen starken Verschleiß.

An das zur Verwendung kommende Bitumen ist die Anforderung zu stellen, daß es auch bei den tiefsten Temperaturen unseres Klimas nicht brüchig wird. Es ist genügend weich zu halten, aber doch hinsichtlich seines Schmelzpunktes so einzustellen, daß es die höchsten Temperaturen, denen der Belag ausgesetzt ist, aushält, ohne zu weich zu werden. Nach den Vorschlägen der Zentralstelle für ,,Asphalt und Teerforschung'' in Berlin-Charlottenburg hält man sich günstigerweise an ein Asphaltgemisch mit einem Tropfpunkte nach Ubbelohde von ca. 72—76° C (Minimum 65, Maximum 85°). Diesen Tropfpunkten entsprechen Schmelzpunktslagen des Asphaltes nach der Bestimmung von Kraemer-Sarnow von ca. 50—57° C (Minimum 40, Maximum 74°).

Der Härtegrad, der nach der Methode von Dow durch Bestimmung der Penetration festgelegt wird, muß zwischen 15 und 30° liegen.

Hartgußasphalt der heute verbreiteten Form ist ein Gemisch aus Mastixasphalt, gebrochenem Steingrus und Zusatzasphalt, bei dem die Zusammensetzung hinsichtlich der Menge und Art der Einzelstoffe nach wissenschaftlichen Gesichtspunkten getroffen ist.

Die Mastixbrote, im Handel in vier- und sechseckigen Stücken von ca. 28 kg, bestehen im Durchschnitt aus 14—18 Gewichtsprozent Asphalt und 82—86 Gewichtsprozent Mineralgemisch, meist Kalkstein. Wenn sie aus Kalksteinasphalt hergestellt werden, ist ihre Zusammensetzung zu ca. 90% Asphaltkalksteinmehl, 4% Trinidad Épurée, 6% Petroleumbitumen. Manche der heute verbrauchten Mastixmassen sind Gemische aus reinem Kalkstein und Asphalt. Für säurefesten Gußasphalt wird als Mineral meist Quarz genommen. Eine genaue Anforderung an die Zusammensetzung der Mastixbrote stellt die American Society for Testing Materials auf. Es werden von ihr 14—18 Gewichtsprozent Asphalt in der Mastixmasse verlangt. Die Kornzusammensetzung der Mineralmasse soll die folgende sein:

Körnungsanteile 0,000—0,074 mm nicht weniger als 25%
„ 0,297—2,0 „ „ mehr „ 25%
„ über 2,0 „ „ „ „ 1%

Für die Zusammensetzung der mineralischen Zuschläge (Sand und Grus), werden von der Am. S. F. T. M. folgende Siebungszahlen angegeben:

Körnungsanteile 0,000—0,074 mm 0%
„ 0,074—0,297 „ nicht mehr als 25%
„ 0,297—2,000 „ „ weniger „ 25%
„ 2,000—4,760 „ „ „ „ 50%
„ über 4,760 „ „ mehr „ 10%

Die Siebungsdaten einer Mineralmasse aus einem in Deutschland zur Verlegung gekommenen guten Hartgußasphalts sind folgende:

Körnungsanteile 0,0 — 0,074 mm 28,5%
„ 0,074— 0,2 „ 19,5%
„ 0,2 — 0,6 „ 7,7%
„ 0,6 — 2,0 „ 18,0%
„ 2,0 — 5,0 „ 18,3%
„ 5,0 —12,0 „ 8,0%

Die Hohlräume dieser Mineralmasse betrugen bei dichtester Zusammenlagerung 18,5 Raumprozent.

In der folgenden Tabelle geben wir Mischungszusammensetzungen einiger gut bewährter Gußasphaltbeläge an.

Für die untere Lage:
Mastixbrote 37%
Zusatzbitumen. 3%
(Mexphalt E Schmelzpunkt 40—50° C)
Mineralische Zuschläge 1—12 mm 60%

In der Masse sind 10% Gesamtbitumen vom Schmelzpunkt 65° C.

Für die obere Lage:
Mastixbrote 45%
Zusatzbitumen { Trinidad. 3%
{ Mexphalt E 2%
Mineralische Zuschläge (Grus 0,0—7,0 mm) 50%

Herstellung der Gußasphaltfahrbahn. Gußasphaltbeläge wurden früher fast immer auf Beton verlegt, der für Bürgersteige 8—12, für Fahrwege 15—20 cm, aber auch stärker genommen wurde. In der letzten Zeit hat man des öfteren die gewöhnliche Schotterstraße und auch die im Kapitel „Sandasphalt“ beschriebene Asphaltbinderlage als Unterbau benutzt. Für Bürgersteige wird der Gußasphalt 15—20 mm, für Fahrwege 40—50 mm stark aufgetragen. Wird Steinschlagasphalt als untere Schicht verwandt, so wird der Steinschlagasphalt 5 cm und die Gußasphaltschicht 2,5 cm stark genommen.

Die Mischung wird für kleinere Ausführungen in Kesseln von ca. 400 l Inhalt hergestellt. Für größere Ausführungen benutzt man vorwiegend fahrbare große Kessel mit ca. 2—3 cbm Inhalt und maschineller Durchmischungsmöglichkeit. Die neu auf den Markt gekommenen Gußasphalthochleistungskocher gestatten es, am Tage so viel Gemisch herzustellen, daß ca. 350—400 qm in 5 cm hoher Schicht verlegt werden können.

Die Gußasphaltmasse wird nach gründlicher Vermischung aller Einzelteile mit einer Temperatur von ca. 180° C zum Einbau gebracht. Aus Eimern wird sie an dem Platz der Verlegung ausgeschüttet und dort von Hand mit Streichhölzern ebenflächig verstrichen. Bei Verwendung von zuviel Asphalt im Gemisch setzt sich nach dem Glätten das Steinmaterial nach unten ab. Die Oberfläche reichert sich dadurch mit Bitumen stärker an als die tiefer gelegenen Schichten. Zur Vermeidung dieser Entmischung in stärkeren Lagen verlegt man den Gußasphalt meistens in zwei Schichten von je 25 mm Stärke. Nachdem die Decklage gerade und eben gestrichen ist, wird sie mit feinem Sand bestreut und ist damit fertig.

Beurteilung. Im Hartgußasphalt der heute üblichen Zusammensetzung kommen meistens zweierlei Gesteinsarten mit verschiedener Härte zur Verwendung. Kalkstein mit dem Mastixmaterial und Hartsteingrus mit den mineralischen Zuschlägen. Dies kann Veranlassung geben zu ungleichmäßiger Abnutzung des Belags. Weiterhin gilt für solche Gemische, wie sie heute in den Hartgußasphaltbelägen zur Verwendung kommen, die Erfahrung, daß sie wegen der Beimischung von Grus der Körnung 4—10 mm unter starker Verkehrsbelastung eine größere Abnutzung zeigen als feinkörnigere Beläge. Auf diese Tatsache weist u. a. auch Dr. Herrmann vom Untersuchungsamt Berlin-Charlottenburg in den Veröffentlichungen der Zentralstelle für Asphalt- und Teerforschung hin. Dies erklärt sich daraus, daß in dem gröberen Gemisch die Steine viel starrer in ihrer Umhüllung ruhen als die Steinteilchen in einem feineren Gemisch. Außerdem muß jedes in der Oberfläche liegende Steinstückchen entsprechend der Größe seiner Oberfläche die Stoßwirkungen des Verkehrs aushalten. Dies bestätigt auch der geringere Verschleiß von Sandasphalt-Decken gegenüber solchen aus Feingrus. Diese Erkenntnis machen sich heute einige der fortgeschrittensten Gußasphaltfirmen zu eigen, indem sie mit der Korngröße der mineralischen Zuschläge teilweise nicht über 4 mm gehen.

Aus den Ausführungen ist der Schluß zu ziehen, daß auch bei der Gußasphaltherstellung Vorsicht walten muß. Die Wahl eines passenden Bitumenzusatzes, die Qualität des Bitumens und die Art der Mineralstoffe sind maßgebend für das Verhalten der Decke.

Kautschukasphalt. Man hat durch Hinzufügen verschiedener Grundstoffe zum gewöhnlichen Streichasphalt diesem eine größere Haltbarkeit zu geben versucht, und in den letzten Jahren tritt dafür wieder Kautschuk in den Vordergrund.

Im allgemeinen haben diese Zusatzstoffe und besonders Kautschuk den Nachteil, daß der Gebrauchswert nicht gleichmäßig mit dem Preise steigt. Naturgemäß ist Zufügung von geschmolzenem Kautschuk zur Streichasphaltmischung sehr nützlich. Es ist möglich, daß Kautschuk die enge Verbindung und die Elastizität (Biegsamkeit) der Decklage befördert; daß aber diese Wirkung schon bei geringer Beigabe von Bedeutung sein kann, ist nicht wahrscheinlich, und eine reichliche Beigabe wird das Pflaster so teuer machen, daß keine Rede mehr von einer Verwendung sein kann: denn wahrhaft große Qualitätserhöhung ist nicht damit zu erreichen.

In Holland sind von diesem Kautschukasphalt viele größere und kleinere Stücke gelegt worden. Im allgemeinen kann man sagen, daß diese mißlungen sind.

IX. Asphalt-Tränkmakadam.

Unter Asphalt-Tränkmakadam (vielfach auch nur Asphaltmakadam genannt) versteht man eine Ausführung, bei der erhitzter Natur- oder Erdölasphalt in eine Schotterdecke eingegossen wird. Es ist die einfachste Bauart von festen Asphaltdecken. Sie hat den Vorzug, daß sie außer der Walze und dem Bitumenkessel keine Großgeräte nötig hat und mit einfachen Mitteln auszuführen ist. Ihre Ausführung ist aber durchaus nicht einfach; im Gegenteil gehören dazu reichliche Erfahrung und sehr viel Sorgfalt.

Die Arbeit geht folgendermaßen vor sich. Auf eine gute Unterbettung, etwa eine alte Schotterstraße, wird Schotter von der Körnung 3,5—6,5 cm profilgerecht aufgetragen und zu einer Schicht von 8 bis 10 cm Stärke festgewalzt. Besonders geeignet ist Hartsteinschotter, namentlich Basalt. Bei Straßen mit leichterem Verkehr kann man sich auch mit weniger harten und zähen Steinen begnügen. Es ist sehr darauf zu achten, daß die Körnung in sich vollkommen gleichmäßig ist und daß auch die Walzung in ganz gleichmäßiger Weise vor sich geht. Denn überall da, wo lockere Stellen, also solche mit größeren Zwischenräumen sind, wird mehr Asphalt aufgenommen, was zur Bildung der nachher noch zu erwähnenden „Asphaltnester" führt. Die Walze darf nicht so schwer sein, daß sie eine namhafte Menge von Schottersteinen zerdrückt, denn dadurch entstehen jedesmal Stellen größerer Dichtigkeit, die den einzugießenden Asphalt nicht mehr durchlassen, so daß also die gewollte Verklebung nicht mehr stattfinden kann.

Wenn diese Schotterdecke annähernd festgewalzt ist, wird das auf etwa 170° C erhitzte heißflüssige Bitumen eingegossen. Man darf durchschnittlich mit 6—7 kg pro Quadratmeter rechnen. Aber gerade in der Bemessung der Bitumenmenge liegt die größte Schwierigkeit des Verfahrens und die häufigste Quelle seines Mißlingens. Voraussetzung ist für beide Arten, daß der das Eingießen besorgende Arbeiter einen geübten Blick dafür hat, wieviel der gerade vor ihm liegende Quadratmeter an Bitumen braucht. Er muß auch beobachten, ob der ihm gereichte Asphalt je nach seiner Temperatur dick- oder dünnflüssiger ist, weil dementsprechend sein Durchdringungsvermögen sich ändert.

Abb. 3. Abladen und Ausbreiten des Steinschlagasphalts (Asphaltbeton).

Man benutzt zum Tränken entweder Gießkannen oder die auch für Oberflächenverfahren benutzten Sprengapparate. Nach dem Eingießen des Asphaltes, aber möglichst solange er noch warm ist, wird dann eine Lage Splitt aufgestreut, deren Körnung am besten so zu bemessen ist, daß sie etwa die Hälfte der Korngröße des Schotters aufweist, also 2—3 cm Splitt bei 4—6 cm Schotter. Dieser Splitt wird gut und gleichmäßig eingewalzt, so daß er sich satt in die Zwischenräume zwischen den obersten Schottersteinen hineinlegt und zusammen mit dem Bitumen eine dichte Abschlußschicht bildet. Dann wird die nunmehr feste und gleichmäßige Decke nochmal mit einem feinen Überzug von weichem Asphalt, z. B. Spramex, versehen, und dieser mit Hartsteinsplitt von nicht mehr als 15 mm Körnung gut abgedeckt und festgewalzt. Die Straße kann nun dem Verkehr übergeben werden, der die noch weiter erforderliche Komprimierung besorgt.

Die zu tränkende Decke muß in allen Teilen vollkommen trocken sein, da sonst der Asphalt nicht haftet. Je mehr das Gestein durchwärmt ist, desto besser dringt er in die feinsten Zwischenräume ein und kittet Stein und Steinchen zu einer einheitlichen Schicht zusammen. Bei kühlem Wetter sind daher Tränkungen nicht zu empfehlen. Man ersieht aus alledem, daß das Verfahren stark vom Wetter abhängig ist.

Geschieht die Ausführung im Frühjahr oder Sommer, so wird von einigen Fachleuten befürwortet, den letzten Oberflächenüberzug erst nach einigen Monaten aufzubringen und bis dahin den Verkehr komprimierend und abdichtend auf die Straße einwirken zu lassen.

Bei dem eben beschriebenen Verfahren wird die gesamte Schotterschicht der Tränkung ausgesetzt. Das hat seine Bedenken. Zunächst braucht man dazu unter Umständen sehr viel Asphalt, von dem man überdies nicht weiß, wohin er fließt. Wichtig sind nur die Mengen, die in der Oberschicht bleiben und diese fest zusammenkitten. Die vielen und großen Hohlräume in den unteren Lagen begünstigen die Bildung von Asphaltnestern, die zu Verschiebungen und Wellenbildung der Decke führen. Bei zunehmender Zusammenpressung durch den Verkehr kann ein solcher örtlicher Asphaltüberschuß bis an die Oberfläche gedrückt werden, so daß auf dieser weiche Stellen entstehen. Man wendet sich daher mehr und mehr einem Verfahren zu, das man als Halbtränkung bezeichnet. Bei diesem wird zunächst auf die als Unterbettung dienende Straßenfläche eine Schicht Sand von einigen Zentimetern Stärke aufgebracht und auf diese erst die Schotterlage ausgebreitet und gut eingewalzt. Man walzt so lange, bis sich der Sand etwa auf die Hälfte der Schichthöhe hochgedrückt hat. Es darf dabei nur wenig Wasser zum Einschlämmen benutzt werden, doch genügend, um ein unverschiebbares Gefüge der Unterschicht zu erreichen.

Ist die Decke wieder ausgetrocknet, so gießt man den Asphalt ein, wobei etwa 4 kg pro Quadratmeter ausreichen. Diese Menge kommt aber ganz der Oberschicht zugute, denn das Sandbett verhindert das Eindringen in tiefere Lagen. Asphaltnester sind bei einigermaßen sorglicher Ausführung nicht mehr zu befürchten. Die weitere Fertigstellung geht wie bei der Volltränkung vor sich.

Eine andere Herstellungsart von Tränkmakadam verwendet statt dünnflüssigen reinen Asphalts ein Gemisch von Asphalt mit Sand oder feinem Splitt, das heiß aufgegossen wird und alle Zwischenräume der Schotterlage wie ein Mörtel ausfüllt. Man benutzt dazu auch ein Gemenge ähnlich dem des Gußasphalts. Das ergibt natürlich eine viel hochwertigere Decke als das bisher beschriebene Tränkverfahren. Da man dazu aber sehr viel von diesem Asphaltmörtel braucht, so geht gerade der Vorteil verloren, den man am Asphaltmakadam am meisten rühmt, der der Billigkeit. Bei großer Hitze neigt eine solche Decke zum Weichwerden. Über Asphaltmakadam unter Verwendung von Kaltasphalten siehe den Abschnitt „Asphalt-Emulsion".

Beurteilung. Asphaltmakadamdecken sind mit einfachen Geräten auszuführen und daher billiger als die Mischverfahren. Man darf an sie aber nicht die hohen Anforderungen stellen wie an letztere. Sie sind zu empfehlen z. B. in all den Fällen, wo bei kleinen Bauvorhaben die Heranschaffung des für die Heißverfahren nötigen Maschinenparks sich nicht lohnt. Sie sind nur in der wärmeren Jahreszeit und bei trockenem Wetter auszuführen und erfordern neben der Verwendung peinlich sauberen Materials, eine große Sorgfalt und Sachkenntnis im Einbau. Daß diesen Anforderungen nicht genügend Rechnung getragen wurde, hat zu vielerlei Fehlschlägen geführt und das Verfahren in Mißkredit gebracht. Es gibt aber auch gut ausgeführte Asphaltmakadamdecken, die selbst großen Ansprüchen genügen. So befinden sich z. B. im Staate Rhode Island bei Neuyork lange Strecken, die seit 10 Jahren unter schwerem Verkehr liegen und noch in ausgezeichnetem Zustande sind.

X. Der Steinschlagasphalt. Offene Bauart.

Bei der Herstellung von Steinschlagasphalt in Mischmaschinen sucht man bewußt die Mängel, die der Tränkausführung anhaften, zu vermeiden. Das Steinschlagasphaltgemisch wird in Spezialmaschinen aufbereitet. Dabei wird das Gestein getrocknet, entstaubt und bei einer Temperatur von ca. 135—180° C mit heißem Asphalt von ca. 180° C innig vermischt, so daß eine allseitige Umhüllung der Gesteinstückchen mit Asphalt zustande kommt.

Da sowohl Asphalt wie Gestein abgewogen wird, hat man es in der Hand, die jeweilig gewünschten Mengen genau zu treffen.

Steinschlagasphalt gibt eine griffige Decke. Er ist als die moderne Deckenkonstruktion anzusehen, die bei den geänderten Bedingungen des heutigen Verkehrs die früher verwandten Schotterstraßen ersetzt. Besonders zeigt er sich geeignet für Landstraßen, auf denen schwerer und leichter Kraftwagenverkehr die Überhand hat.

In Holland ist Steinschlagasphalt zum ersten Male als Decklage durch die Bauverwaltung der Provinz Utrecht angewendet worden, die die Straßen Doorn—Leusden und Leersum—Woudenberg damit gebaut hat. In Deutschland sind seit dem Jahre 1925 viele Kilometer lange Strecken zur Verlegung gekommen.

Zusammensetzung. Bei Steinschlagasphalt kann man durch die Körnergröße des Steinmaterials zwei wesentlich verschiedene Arten erzielen. Verwendet man diese genau so wie bei den einfachen Schotterwegen, also in einer Zusammensetzung, die nach vollständigem Festwalzen noch ungefähr 20% leeren Raum läßt, so ist das eine sehr offene Bauart. Geht man aber dazu über, eine Mischung des Steinschlages anzuwenden, derart, daß die Hohlräume zwischen den großen Schotterstücken durch kleinere ausgefüllt werden, und setzt man dies fort bis zu sehr kleinen Abmessungen, z. B. bis zu 5 mm, so erhält man eine Bauart, in der nicht mehr als 10% Hohlraum übrigbleibt, vorausgesetzt, daß die Bearbeitung gründlich geschieht und eine kräftige, schwere Walze mit breiten Walzenrädern zum Festwalzen verwendet wird.

Wenn man nun auch diese 10% Hohlraum noch durch Zugabe von Sand ausfüllt und zur totalen Ausfüllung des Sandes wiederum Füllstoff verwendet, gelangt man zu einer sog. geschlossenen Mischung, dem Asphaltbeton.

Der Bau. Der Steinschlagasphalt wird hierzulande in Stärken von 5—10 cm verwendet. Einer offenen Mischung wird man eine größere Stärke geben, während man eine geschlossene Mischung mit feiner Körnergröße höchstens 6 cm stark macht.

Eine gute Stärke für eine offene Decklage ist 8 cm für das vermengte Material vor dem Festwalzen. Man wählt hierfür eine Mischung wie die folgende:

$$
\begin{array}{lr}
40\%\ \text{Steinschlag} \dots\dots\dots & 3\text{—}4\ \text{cm} \\
35\%\ \quad\text{,,} \quad \dots\dots\dots & 2\text{—}3\ \text{,,} \\
25\%\ \quad\text{,,} \quad \dots\dots\dots & 0{,}5\text{—}2\ \text{,,}
\end{array}
$$

Auch kann man andere Mischungen wählen, wie z. B.:

$$
\begin{array}{lr}
75\% \dots\dots\dots\dots\dots & 2\text{—}4\ \text{cm} \\
25\% \dots\dots\dots\dots\dots & 0{,}5\text{—}2\ \text{,,}
\end{array}
$$

Diese Steinschlagmischung wird in eine Mischmaschine gebracht, getrocknet und auf 135—180° C erhitzt. Gleichzeitig wird der sich entwickelnde Staub aus der Trockentrommel gesaugt. Danach wird das Material in einen Vorratbehälter befördert, in dem es automatisch abgewogen wird. Aus diesem Vorratbehälter wird das Material alsdann in einen Mischtrog geleitet. Gleichzeitig ist das Bitumen auf die gleiche Temperatur gebracht worden. Es wird in einer Menge von etwa $5^1/_2\%$ des Gewichtes des Steinschlages diesem zugefügt und mit Hilfe einer Mischeinrichtung mit diesem so lange vermischt, bis jedes Stückchen Steinschlag vollkommen mit Bitumen umhüllt ist. Darauf wird die Mischung in die Transportwagen abgelassen, auf den Weg gefahren und in der erforderlichen Stärke ausgebreitet.

Die Verlegung des mit Bitumen umhüllten Steinschlages erfordert große Gewandtheit der Arbeiter. Die Ebenheit des zukünftigen Weges hängt hiervon in hohem Maße ab, und der Fortschritt des Baues ist damit eng verbunden. Um das Material zu bearbeiten, hat man erwärmte Gerätschaften nötig. Fortwährend müssen Gabeln auf einem Koksfeuer warm gehalten und dauernd durch warme ersetzt werden.

Unmittelbar nach der Ausbreitung der Decklage wird diese einmal übergewalzt, um sie oberflächlich dicht und eben zu drücken. Hiernach wird die Oberfläche mit trockenem, reinem Split, d. i. Steinschlag in der Abmessung von 0,5—2 cm, bestreut. Diese Abdeckung geschieht in einer Stärke von nur einer Splittlage. Hierauf wird die Decklage vollkommen abgewalzt, an den Seiten beginnend nach der Mitte zu, und zwar so lange, wie noch Bewegung in der Mischung zu beachten ist. Nach einiger Zeit tritt der Augenblick ein, wo die Lage ihre größte Geschlossenheit erlangt hat oder das Bitumen so stark abgekühlt ist, daß mit der Walze keine weitere Verdichtung mehr erreicht werden kann. In diesem Augenblick muß dafür gesorgt sein, daß die Decklage glatt und eben ist und ihr richtiges Profil erhalten hat, weil nach der Abwalzung

Abb. 4. Ausbreiten des Steinschlagasphalts auf der Unterbettung. Arbeiten der Westdeutschen Wegebaugesellschaft Düsseldorf bei Linz a. Rhein.

nichts mehr am Profil verändert werden kann, es sei denn durch Ausfüllen unter dem Richtscheit, was aber nur einen mäßigen Erfolg haben kann.

Nachdem die Decklage fertig gewalzt ist, wird sie mit auf 170—180° C erhitztem Bitumen behandelt, das mit Gießkannen aufgegossen oder mit Sprengwagen auf den Weg gebracht wird. Man rechnet dabei ungefähr 3 kg auf den Quadratmeter. Zum Schluß wird diese bituminöse Lage noch mit feinem Steingrus von 5—15 mm abgedeckt, der mit der Walze in die Bitumenschicht fest eingedrückt werden muß. Nach der Abkühlung, also am folgenden Tage, kann der Weg dem Verkehr übergeben werden.

Der feine Steingrus wird die Oberfläche in der ersten Zeit noch etwas rauh halten, nach sehr kurzer Zeit ist er aber zum größten Teil in die Bitumenschicht eingedrückt und vollständig fest.

Beurteilung des Verfahrens. Steinschlagasphalt der beschriebenen Form ist eine der sog. offenen Bauausführungen. Trotz festester Walzung läßt sich der Belag nicht soweit verdichten, daß im Inneren keine Porenräume verbleiben. Die vorhandenen Porenräume machen die Decke, falls sie nicht durch einen dichten Oberflächenüberzug geschützt wird, empfindlich gegen die Einwirkungen eindringenden Wassers. Bei feuchtem Straßenuntergrund kann diese zerstörende Wirkung auch von unten aus erfolgen.

Die besten Erfolge mit dem offenen Steinschlagasphalt werden erzielt, wenn

1. kein zu harter Asphalt zur Herstellung des Gemisches verwandt wird;

2. wenn das Gestein recht grobkörnig ist und kubische Form hat, so daß sich die groben Steinstücke mit recht breiten Flächen direkt auf- und ineinanderlegen und mit ihren Kanten tief ineinander verzahnen können;

3. wenn die Oberflächenschutzschicht dauernd in gutem Zustande gehalten wird. Eine rechtzeitige Erneuerung der Oberfläche sollte stets früh genug erwogen werden. Nachbehandlungen müssen auf Straßen mit schwerem bis mittlerem Verkehr etwa jedes zweite oder dritte Jahr ausgeführt werden.

In Deutschland ist Steinschlagasphalt im Sommer 1925 auf der Versuchsbahn des Deutschen Straßenbauverbandes in Braunschweig zur Verlegung gekommen. In den bisher abgegebenen Gutachten der Leitung der Versuchsbahn ist jedesmal zu lesen, daß die Steinschlagasphaltdecke sich bewährt hat, geringe Unterhaltungskosten erfordert und als eine der wirtschaftlichsten Straßenausführungen für mittleren bis schweren Verkehr gehalten wird. In der Bewertung wird sie mit an die Spitze der dort ausgeführten bituminösen Belagsorten gestellt.

Die gleichen günstigen Erfahrungen sind in Deutschland auch mit den im Jahre 1925 gebauten anderen Steinschlagasphaltdecken gemacht, die auf stark befahrenen Landstraßen erster Ordnung liegen, unter anderen bei Linz a. Rhein, zwischen Haus Meer und Ürdingen bei Düsseldorf, sowie bei Hiltrup in der Nähe von Münster in Westfalen. Die gesamten Straßenzüge liegen absolut einwandfrei, die Decken sind dicht und griffig geblieben, an Oberflächenbehandlungen ist in den verflossenen drei Jahren bei Linz und Hiltrup ein einmaliger Spramexüberzug erforderlich geworden, während bei Haus Meer überhaupt eine Nachbehandlung noch nicht nötig war. — Daß man trotz der guten Erfolge nach und nach zu den porenfreien Asphaltbetondecken übergegangen ist, hat seinen Grund darin, daß man bestrebt sein mußte, Decken zu bauen, die auch auf lange Zeit hinaus gar keine weitere Nachbehandlung mehr erforderlich machen. Hierüber in den nachfolgenden Kapiteln mehr.

Abb. 5. Festwalzen der ausgebreiteten Steinschlagasphaltdecke.

XI. Asphaltbeton.

Allgemeines. Wenn die im gewalzten Steinschlagasphalt noch vorhandenen Porenräume durch ein dichtes mit Asphalt vermengtes Sandfüllstoffgemisch ausgefüllt sind, spricht man von Asphaltbeton. Er ist ebenso wie die übrigen Formen des Walzasphaltes in Amerika zuerst ausgeführt und dort auch zu der heutigen Vollendung entwickelt worden.

Die Heranbildung dieser Befestigungsart ist dort auf dem Umwege über den Sandasphalt erfolgt. Dem dichten Sandfüllstoffgemisch des Sandasphaltes hat man Splitt beigegeben. Zuerst in willkürlichen Mengen und willkürlicher Korngröße. Auf gute Zusammensetzungen, die sich bewährten, hat man sogar Patente erhalten.

Die besten Formen des Asphaltbetons stellen nun gar nichts anderes dar als eine konsequente Fortentwicklung des Steinschlagasphalttyps, bei dem die noch vorhandenen Poren mit einem stabilen Mörtelmaterial ausgefüllt sind. Durch die Beigabe eines passenden Asphaltmörtelgemisches wird folgendes erreicht:

1. Erhöhte Standfestigkeit jedes einzelnen Steinsplittstückchens in seiner Einbettung;

2. eine um das Vielfache zähere Haftfestigkeit der einzelnen Partikeln aneinander infolge der größeren Berührungsflächen zwischen den Steinen;

3. herabgeminderte Verschiebungsmöglichkeiten der Steinchen und erhöhte Tragfähigkeit der Decke.

Zusammensetzung des Gemisches. Das im Asphaltbeton zur Verwendung kommende Mineralgemisch ist ein Gemenge aus Splitt (grob oder fein), Grus, Sand, Steinmehl und Asphalt. Je nach der Art des Splitts, ob grob oder fein, unterscheidet man Asphaltgrobbeton und Asphaltfeinbeton. Für die Qualität einer solchen Mischung ist es von wesentlicher Bedeutung, daß die groben Steinpartikeln, das Gerippe, in wirklichem Kontakt miteinander liegen und daß die mineralische Mörtelmasse den freistehenden Raum zwischen den Steinstückchen möglichst dicht ausfüllt. Die Masse muß also in allen Teilen ein möglichst hohlraumarmes Gemisch sein. Der Dichtigkeitsgrad solcher Mischungen ist in hohem Maße abhängig von der Größe und der Menge der gröberen Gesteinsstückchen. Gröbere Steine und höhere Prozentsätze des Groben in der Mischung bei zur Ausfüllung der Poren genügendem dichten Feinmaterial geben dichtere Gemische und sind in sich festere und stabilere Beläge als Gemenge aus feineren Steinen mit höheren Prozentsätzen des feineren Mörtelmaterials. Ein möglichst vollkommen gedichteter grobkörniger Asphaltbeton ergibt demzufolge die Straßenkonstruktion, die am wenigsten unter den Druck- und Zugkräften des Verkehrs in sich verschoben und verändert werden kann. Bei den gebräuchlichen Ausführungen des Asphaltgrobbetons haben die gröbsten Steine einen Durchmesser bis zu ca. 3 cm. Der Anteil an grobkörnigem Material über 2 mm Durchmesser ist durchschnittlich 55—65% vom Gesamtgemisch. Bei der gebräuchlichen Form des Asphaltfeinbetons verwendet man Steinmaterial bis zu 18 mm Körnungsdurchmesser. An Grobmaterial über 2 mm nimmt man nicht über 40% in die Mischung. An Asphalt sind für Asphaltgrobbeton 6—7$^1/_2$, für Asphaltfeinbeton 8—9% erforderlich.

Für den Aufbau eines guten Asphaltbetons ist es notwendig, alle zur Verfügung stehenden Einzelmaterialien auf ihre Eignung für das in Frage kommende Gemisch zu überprüfen. Das geschieht durch Beurteilung der Kornform und Korngröße aller Mineralsorten unter Berücksichtigung ihrer petrographischen Beschaffenheit.

Es ist zu verlangen, daß ein möglichst kubisch gebrochener Steinsplitt von einem gesunden und zähen Hartgestein und ein möglichst scharfkantiger Sand zur Verwendung kommen und daß weiterhin die Korngrößenabstufung im Gemische so ist, daß sich daraus ein porenarmes Gemisch zusammensetzen läßt. Zu diesem Zweck ist es erforderlich, daß von allen Korngrößen zwischen den gröbsten und feinsten ein gewisser Anteil in den vorgesehenen Mineralsorten vorhanden ist. Unseres Erachtens geht es jedoch zu weit, wenn man für Idealgemische größter Dichtigkeit genau die gleichen Prozentanteile für alle beliebigen Steinsorten in den einzelnen Körnungsklassen verlangen wollte.

Stets wirkt sich noch die äußere Form der Materialien, ob rund, flach oder kubisch, auf die Möglichkeit ihrer Zusammenlagerung im Gemische aus. Auch daraus, daß das eine Material ein höheres spezifisches Gewicht als das andere hat, darf gefolgert werden, daß nicht immer die gleichen Gewichtsmengen der einzelnen Körnungsklassen für die Erzielung der dichtestmöglichen Mischung erforderlich sind.

Die Charakterisierung der Körnungszusammensetzung der einzelnen Mineralsorten und der Gesamtmischung geschieht durch die Bestimmung ihrer Korngröße, die ausgeführt wird durch Siebung des Materials mit Sieben ganz bestimmter Maschenweite. Holland, England, Amerika benutzen Siebe, die nach Zoll eingeteilt sind; in Deutschland wird die Einteilung in Zentimetern angegeben. Im folgenden ist, in Form einer

Tabelle und als Maßstab aufgetragen, ein Vergleich der amerikanischen mit den deutschen Sieben angeführt.

Alle die Einzelfaktoren, die sich zur Erreichung der höchstmöglichen Dichtigkeit in einem Gemische aus mehreren Einzelanteilen auswirken können, Korngröße, Kornform, spezifisches Gewicht, kann man berücksichtigen, wenn man durch systematische Untersuchung feststellt, wie weit sich bei wechselnden Zusätzen einer zweiten

Tabelle 6. Abstufung der Körnungen.

amerikanisch		deutsch	
Siebnummer	Siebweite	Siebnummer	Siebweite
10 ⌗	2 mm	3 E	2 mm
40 ⌗	0,36 „	10	0,60 „
80 ⌗	0,17 „	30	0,20 „
200 ⌗	0,074 „	80	0,075 „
		100	0,060 „

Stein- oder Sandsorte das Raumgewicht einer anderen bei jedesmal dichtestmöglicher Zusammenlagerung verändert. Man beachtet dabei, daß bei verschiedenkörnigen Mineralsorten Zusätze der einen zur anderen das Raumgewicht verändert; und zwar erhöht sich das Raumgewicht bis zu einer bestimmten Mengenbeigabe, weitere Zusätze erniedrigen es wieder. Im folgenden ist eine Zusammenstellung solcher Raumgewichtsfeststellungen aus einem Gemische von Basalt 5—25 mm, Grobsand, Feinsand, Füllstoff angeführt. Die Zahlen sind in einem Kurvenbild veranschaulicht.

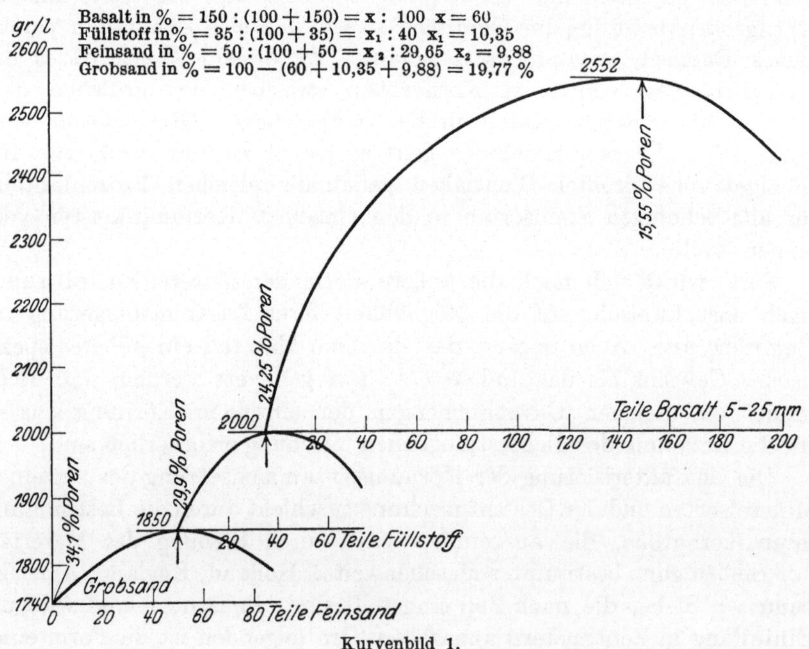

Kurvenbild 1.

Durch solche systematische Aufstellung von Dichtigkeitskurven kann man die jeweils mögliche größte Dichtigkeit aus verschieden gekörntem Material finden.

Als Ergebnis dieser Untersuchungen findet man, daß beim Material bis zu 1,5 mm Körnung bei guter Körnungsabstufung und dichtester Zusammenlagerung eine Raumausfüllung von ca. 72—75%,

bis zu 2 mm Körnung ca. 75—78%
,, ,, 5 ,,   ,,   ,, 78—82%
,, ,, 25 ,,   ,,   ,, 82—85%
,, ,, 30 ,,   ,,   ,, 86%

zu erreichen ist. Bevor man nun eine Begutachtung über ein Straßengemisch abgibt, sollte man sich vergegenwärtigen, daß für die zu erreichende Dichtigkeit der Durchmesser des größten Kornes und die Prozentanteile der groben Körner in der Mischung, wie es das Kurvenbild 2 aufweist, mit zu berücksichtigen sind. Bei dem Studium der dichten Mineralgemische zeigt sich weiterhin, wie es auch im Kurvenbild 2 zum Ausdruck kommt, daß bei Sorten von gleichem spezifischen Gewicht eine Abhängigkeit besteht zwischen dem Durchmesser der gröbsten Anteile und der Menge, die davon für den Aufbau des dichtestmöglichen Gemisches genommen werden muß. Es zeigt sich, daß, je größer der Durchmesser der gröbsten Körnungsanteile ist, desto mehr, und je kleiner der Durchmesser der gröbsten Körnungsanteile ist, desto weniger davon genommen werden muß, um die ideale dichteste Mischung zu erhalten. Im nebenstehenden Kurvenbilde 2 ist diese Abhängigkeit für eine Reihe gebräuchlicher Asphaltmineralgemische eingetragen.

Es ist noch zu sagen, daß eine unrichtige Verteilung der Korngrößen erfahrungsgemäß eine ungenügende Dichtigkeit und Stabilität der zum Einbau verwandten Masse zur Folge hat und auf der Straße unter der Einwirkung des Verkehrs zur Wellenbildung Anlaß geben kann, ohne daß die Menge und Konsistenz des verwandten Bindemittels dabei eine Rolle spielt. Es steht demnach fest, daß die Qualität eines Mineralgemisches, ob im Asphaltgrob-, Asphaltfeinbeton oder Sandasphalt, bezüglich des praktischen Verhaltens durch die Dichtigkeit aufs weitgehendste beeinflußt wird. Die dichten Gemische sind die in sich stabilsten und am wenigsten verlagerungsfähigen. In ihnen ist auch das Bindemittel, wenn es in der gerade für die Ausfüllung der vorhandenen Poren nötigen Menge genommen wird, der geringstmöglichen Beanspruchung unterworfen. Gut zusammengesetzte Gemische sind deshalb auch am widerstandsfähigsten gegen jegliche Beanspruchung und zeigen die geringste Abnutzung.

Berechnung des Asphaltzusatzes. Die Errechnung der für eine dichte Mischung erforderlichen Asphaltmenge basiert auf der Hohlraumbestimmung der zur engsten Zusammenlagerung gebrachten mineralischen Anteile. Es wird dabei das Raumgewicht (Gewicht der Mischung pro Raumeinheit in dichtestmöglicher Zusammenlagerung, also einschließlich Poren) mit dem spezifischen Gewicht (Gewicht der Mineralmasse

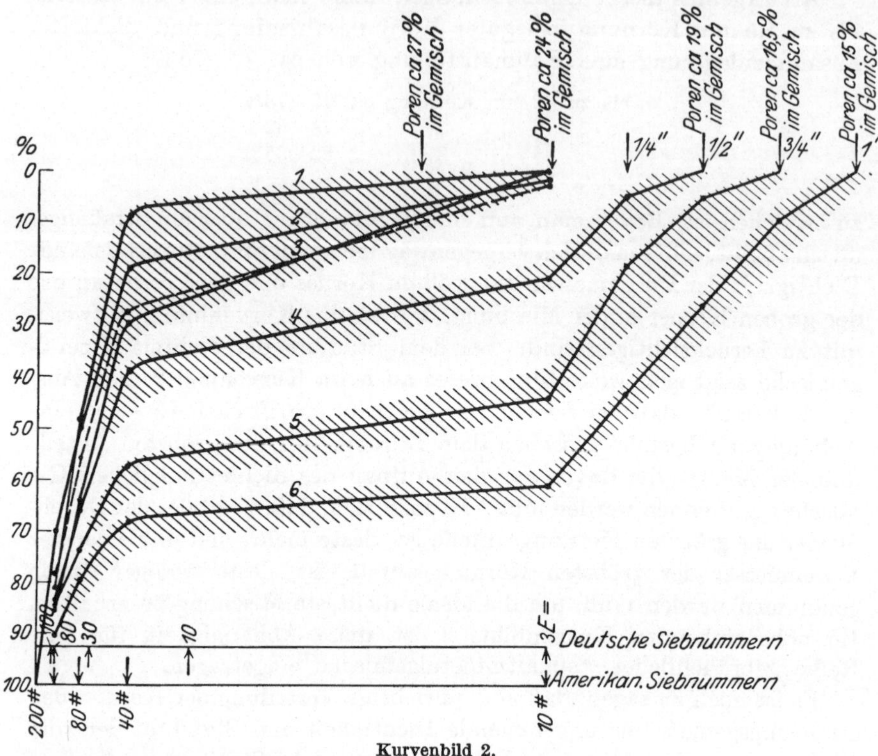

Kurvenbild 2.

Erklärung: Die gestrichelten Gebiete zeigen den Umfang brauchbarer Zusammensetzungen an. ⌗ bedeutet Maschen auf den laufenden Zoll.

1.}
2.} Sandasphalt. — — — — — = Sandasphalt Hamburg W. W. G.
3.}
4. Topeka.
5. Asphaltfeinbeton.
6. Asphaltgrobbeton.

pro Raumeinheit, ausschließlich der Poren) verglichen. Raumgewicht geteilt durch spezifisches Gewicht ergibt die Raumausfüllung in Prozenten; die Zahl, die dazu addiert 100 ergibt, entspricht dem Porenraum in Raumprozenten. In einer Formel wiedergegeben, errechnet sich der Porenraum

$$\underset{\text{(Hohlraum)}}{H} = 100 \times \left(1 - \frac{\text{Raumgewicht}}{\text{spez. Gewicht}}\right).$$

Die Porenräume der dichten Baugemische müssen vollkommen mit Asphalt ausgefüllt werden, ohne jedoch (Asphalt dehnt sich pro Temperaturgrad 23 mal so stark aus als Gestein) bei den höchsten Temperaturen auf der Straße einen Überschuß an Asphalt bei der erreichbaren maximalen Dichtigkeit der Mineralmasse zu ergeben.

Die Asphaltbetongemische werden genau in derselben Form wie Steinschlagasphalt in der Maschine hergestellt. Asphaltgrobbeton bedarf, da mit ihm wegen der hohen Prozentsätze an grobem Splitt eine oberflächlich vollkommen geschlossene Decke nicht erreicht und auch nicht angestrebt wird, einer Oberflächenbehandlung, die durch Überstreuen mit einer geringen Menge von Sandasphaltgemisch oder durch Aufbringen eines Spramexüberzuges mit nachfolgender Absplittung vorgenommen werden kann.

Beurteilung. Die Asphaltbetonbeläge stellen einen hochentwickelten Typ der Asphaltdeckenkonstruktionen dar. Da sie absolut geschlossen

Tabelle 7. Siebproben von dichtem Asphaltbeton.

Sorte		Mischung	
Durch Sieb $1\frac{1}{4}''$	Auf Sieb $1''$	9	mehr als 50% der mineralischen Anteile, am besten 54 bis 58%
$1''$	$\frac{3}{4}''$	16	
$\frac{3}{4}''$	$\frac{1}{2}''$	21	
$\frac{1}{2}''$	$\frac{1}{4}''$	10	
$\frac{1}{4}''$	10	2	
10	20	1,3	
20	30	2,1	6,7
30	40	3,3	
40	50	5,9	
50	80	10,9	16,8
Durch Sieb 80	Auf Sieb 100	6,3	
100	200	5,9	12,2
200		6,3	

Spez. Gewicht von Stein 3,0
    „   „   „   Sand 2,64
Offener Raum im Aggregat . . . . möglichst unter 20 Raumprozent

Prozentsatz Bitumen, gerechnet auf das
trockene Mineral . . . . 7,25 entsprechend dem Porenraum

Weiteres siehe noch Kurvenbild 2 und Tabelle 23.

und porenfrei gebaut werden können, was durch richtige Wahl der Einzelanteile zu erreichen ist, und wodurch auch die Steine mit größter Haftzähigkeit im Belage verankert werden, sind sie Baukonstruktionen von dauerhaftestem Typ. Sie eignen sich für alle Fälle, wo Straßen großer Beanspruchung unterworfen sind. Wegen ihrer Unempfindlichkeit gegen Druck, Zug und Stoß und ihrer durch das Steinskelett bedingten Rauhigkeit der Oberfläche, stellen sie die bestgeeigneten Belagsarten für den

Abb. 6. Fertige Landstraße in Steinschlagasphalt (Asphaltbeton).

schnellen und schweren Landstraßenverkehr dar. Asphaltbeton ist in den letzten Jahren in Holland und in Deutschland in Tausenden und aber Tausenden von Quadratmetern ausgeführt worden. Der hiermit erzielte Erfolg ist sehr befriedigend und für Landstraßen ist kaum eine Straßendecke zu finden, die besser den Anforderungen eines verschiedenartigen Verkehrs genügt.

Diese Straßendecken haben in Amerika schon seit vielen Jahren Verwendung gefunden unter dem Namen von „Warrenite" und „Bitulithic". In Holland bekam die spezielle Mischung unter der Bezeichnung „Asphaltbeton, Utrecht" einen guten Ruf.

XII. Der Sandasphalt.
(Sheetasphalt.)

Allgemeines. Im Sandasphalt ist die Asphalttechnik zuerst in technischer wie wissenschaftlicher Beziehung auf eine hohe Stufe gebracht worden. Die ursprüngliche Idee war, eine künstliche Zusammenstellung mineralischer Bestandteile und bituminöser Stoffe zu bilden, die die gleichen Eigenschaften besitzen sollte wie der Asphalt, der in der Natur als imprägnierter Kalkstein vorkommt. Bei Entwicklung dieser Technik haben sich solch überraschende Ergebnisse gezeigt, daß man jetzt auf vielerlei Art das gesetzte Ziel erreicht, nämlich verschiedene Konstruktionen gefunden hat, die ein Asphaltpflaster liefern, das alle Eigenschaften des von alters her bekannten Naturasphalts hat. Es ist sogar durch die synthetische Bearbeitung eine genau bekannte und gleichmäßige Mischung gewonnen worden, die auf beliebige Weise, nach Bedarf und mit Sachkenntnis geändert werden kann. Dies bedeutet einen Vorteil gegenüber der Natur, in der nicht zwei Sorten von Asphalt sich gleichen.

Arten. Zu den vorstehend gemeinten Konstruktionen sind alle dichten Mischungen zu zählen, die zur Bildung einer dünnen Decklage dienen und die keine weitere Abdeckung oder Verschlußdecke notwendig machen.

An erster Stelle ist hierbei der gewöhnliche Sandasphalt unter Verwendung von Sand und Bitumen zu erwähnen. An Stelle von reinem Sand hat man auch feinen Steingrus zugefügt, so daß man zu einem feinkörnigen Asphaltbeton kam, in Holland nach amerikanischem Vorbild auch wohl Topeka genannt, nach der amerikanischen Stadt dieses Namens, wo diese Mischung zum ersten Male Anwendung gefunden hat.

Eine andere Variation in der Sandverwendung ist die mit Schlacken der städtischen Abfallverbrennung. Dieses Material hat sich durch seine Porosität und Schärfe besonders geeignet für ein synthetisches Asphaltpflaster erwiesen. Man hat diese Mischung zuerst in England verwendet, und der Schlackenasphalt liegt dort seit vielen Jahren mit gutem Erfolg.

Während die Sandmischung an genau festgesetzte Grenzen in der Körnergröße gebunden ist, erachtet man dies bei Schlacken nicht für so wichtig. Inzwischen hat man in Amsterdam die Körnergröße der

Abb. 7. Das Abwalzen des Sandasphalts (Sheetasphalt).

gemahlenen Schlacken, wo diese stark von den Normen abweichen, durch Zufügung von Sand verbessert, so daß man auf diese Weise eine Sandschlackenmischung erhielt.

Man hat in Amsterdam mit diesem Sandschlackenasphalt besonders gute Erfolge erzielt. In erster Linie ist die ebene Lage und die Rauheit sehr günstig, aber vor allen Dingen ist die sehr geringe Abnützung eine vorteilhafte Eigenschaft dieser Mischung.

Alle diese Sorten von Sandasphalt kann man mit Hilfe des natürlichen Bitumens aus gereinigtem Trinidadasphalt (Trinidad épuré) oder mit dem im Handel befindlichen Petroleumrückstand (Mexfalt oder ähnliches Fabrikat) herstellen. Beide müssen aber den für jedes einzelne System verlangten Grad von Härte besitzen.

Herstellung. Der Sandasphalt verlangt eine ziemlich verwickelte Bearbeitung. Im Gegensatz zu anderen Asphaltpflasterungen ist sie nicht einfach. Wohl können der Unterbau und die Decklage als die zwei einzigen Konstruktionsteile für einen bestimmten Typ angesehen werden, aber dann liegen außerhalb dieser doch noch eine Zahl von anderen Möglichkeiten, die weniger einfach sind.

Gleichwie bei allen anderen Straßenbauten unterscheidet man beim Sandasphalt eine Unterbettung und eine Decklage. Sobald aber die Bettung aus groben Stücken besteht, wie es bei einer gewalzten Schotterstraße der Fall ist, und diese wenig oder gar nicht gebunden ist, muß man die nachstehend beschriebene Zwischenlage oder Binderlage anwenden. Diese dient in erster Linie zur genauen Profilierung der Unterbettung, zweitens zur Verbindung und Versteifung der Bettung und drittens zur Verankerung der Decklage, die sich innig mit der Zwischenlage verbinden muß. Daher stammt auch der Name „Binder" oder Binderlage.

Eine Betonunterbettung und auch jede andere offene oder geschlossene Bettung verlangt die Binderlage nicht als einen notwendigen Teil der Bauart. Sie trägt jedoch zur Verbesserung des Ganzen bei, weswegen man auch in England und Amerika auf den Beton häufig das sog. „two coat work", d. h. den Sandasphalt in zwei Schichten legt, von denen die untere als Binder dient, nicht so sehr zur Verstärkung der Bettung, als um der Decklage höheren Wert zu geben.

Unterbettung. Im Kapitel III ist die Unterbettung der Asphaltstraßen behandelt worden. Dem ist noch hinzuzufügen, daß jede bestehende harte Wegedecke als Unterbettung für Sandasphalt zu gebrauchen ist, falls sie genügend stark und dauerhaft ist. In Amersfoort hat man in der Langestraat eine alte Pflasterstraße als Unterbettung verwendet. Die vorhandenen Pflastersteine sind in ihrem alten Zustande gelassen worden, auf diese ist eine Zwischenlage oder ein Binder in einer Stärke von 3,5 cm aufgewalzt worden, und darauf hat man eine Decklage von 3 cm gelegt. Ebenso hat man in Deutschland

— beispielsweise in Köln — nach dem gleichen Verfahren zahlreiche Pflasterstraßen durch Auflage von Sandasphalt in neuzeitliche Fahrbahnen umgewandelt.

Eine vorhandene Kies- oder Steinschlagdecke kann, ihrer Natur nach, ebenfalls sehr geeignet sein zur Unterbettung, falls sie ausreichend stark ist. Ist dies nicht der Fall, so kann sie durch Aufbringen einer gewalzten Lage von Ziegeln oder Steinschlag verstärkt werden, und wenn dann eine harte und ziemlich geschlossene Oberfläche zustande gekommen ist, kann man eine Asphaltdecklage ohne Zwischenlage darauf legen. Diese Konstruktion ist u. a. auf der Kalfjeslaan bei Amsterdam angewandt worden. In derartigen Fällen wählt man in der Regel eine Decklage von 5—6 cm Dicke, der ungefähr 30% grober Basaltsand beigemischt sind, mit dem Zwecke, der Decklage einige Festigkeit zu geben.

Es ist selbstverständlich, daß man in solchen Fällen auch eine Zwischenlage von 3—4 cm in Verbindung mit einer Decklage von $2^1/_2$—3 cm anwenden kann.

Zwischenlage. Die Zwischenlage oder der „Binder", wie sie in Holland auch allgemein genannt wird, hat eine durchschnittliche Dicke von 4 cm nach dem Walzen. Sie besteht in den meisten Fällen aus offenem Steinschlagasphalt und wird daher aus Steinschlag und Bitumen hergestellt, zuweilen wird Sand zugefügt, zuweilen an Stelle von Steinschlag auch Abfallverbrennungsschlacke. Die Mischung wird unter einer Temperatur von ungefähr 350° F = 170° C gemischt und warm auf die Unterbettung gewalzt.

Tabelle 8. Zwischenlage für schweren Verkehr.

Geht durch Sieb Nr.	Zurückgehalten auf Sieb Nr.	Gewichtsprozente
200	—	1,5
100	200	3,0
80	100	2,0
50	80	6,0
40	50	3,0
30	40	3,0
20	30	2,0
10	20	3,0
4	10	12,0
2	4	18,0
1	2	42,0
	Zusammen	95,5
	Bitumen	4,5
		100,0

Was die Körnergröße des Steinschlags angeht, kann man noch daran denken, bei großer Dicke der Zwischenlage gröbere Stücke zu verwenden als bei dünner Lage. In Amerika gilt als größte Abmessung der Stücke 1″ = 2,5 cm. Ferner müssen 40% des Materials 1,25-cm-Maschensieb passieren und auf dem Maschensieb von 2,0 mm liegenbleiben.

Die Frage ist aufgeworfen worden, ob die Zwischenlage eine offene oder geschlossene Lage bilden muß. Auf Grund der Erfahrungen soll man für leichten Verkehr gröberes Material und eine mehr offene Mischung anwenden können als für schweren Verkehr. Je schwerer der Verkehr, um so feiner und dichter die Steinmischung der Zwischenlage. Deshalb wird in Einzelfällen Sand und auch Füllstoff zugefügt. Eine Mischung für schweren Verkehr erhält man z. B. bei der in Tab. 8 angegebenen Dosierung:

In Kanada verwendet man für die Binderlage einen Steinschlagasphalt, der aus 82% Steingrus bis zu 1 cm Körnergröße, 13% Sand und 5% Asphalt besteht. Dies ist somit eine ziemlich geschlossene Mischung.

Eine vollkommen geschlossene Zwischenlage scheint nicht wünschenswert zu sein. Wie sehr auch Tragkraft, Stärke und Dauerhaftigkeit bei völliger Dichtigkeit verbessert sein mögen, so erachtet man doch in Rücksicht auf die näher zu besprechende Wellenbildung eine offene Binderlage, d. h. mit ungefähr 10% hohlem Raum nach dem Walzen, für besser als eine ganz geschlossene Mischung.

Für diesen Zweck kann Basaltsplitt von 0,5—2 cm grundsätzlich gut verwendet werden. Nach den jüngsten Erfahrungen ist es sehr erwünscht, ungefähr 20% Sand hinzuzufügen. Man bekommt dann eine ziemlich dichte Binderlage, die jedoch nicht ganz geschlossen ist. Abhängig vom Sandprozentsatz, den man hinzufügt, schwankt der Bitumengehalt zwischen 4,5—6%.

Die Zwischenlage wird warm auf die Straße gebracht, dort ausgebreitet und mit Rechen gleichmäßig verteilt. Unmittelbar danach kann sie gewalzt werden, wofür man eine Tandemwalze oder auch eine gewöhnliche Dampfwalze verwenden kann. Letztere übt mit den Hinterrädern einen wesentlich stärkeren Druck aus, was von Vorteil ist; dagegen erzielt die Tandemwalze eine ebenere Oberfläche, wenn sie auch weniger stark zusammendrückt. Jeder Einzelfall fordert eine den Umständen angepaßte Behandlung.

Die Decklage. Nach dem Walzen der Zwischenlage kann die Decklage gelegt werden. Dabei ist es von Vorteil, möglichst wenig Zeit zwischen dem Aufbringen der Binderlage und Decklage verstreichen zu lassen, weil das Eindringen von Schmutz in die Poren wie auch Nässe nachteilig auf die Verbindung der beiden Lagen wirkt.

Die Stärke der Lage beim Ausbreiten des losen warmen Materials bestimmt man nach dem Gewicht. Wenn man weiß, daß man von 1 t = 1000 kg 10 qm Sandasphalt von 5 cm Dicke nach dem Walzen erhält, mit anderen Worten, wenn das Raumgewicht des fertiggewalzten Asphalts 2 beträgt, dann kann man bei Kenntnis der angeführten Ladung genau die Oberfläche berechnen, die damit belegt werden kann.

Die durchschnittlichen Raumgewichte von Sandasphaltdecken, die völlig komprimiert sind, liegen zwischen 2,15—2,25.

Bei Verwendung von Portlandzement als Füllstoff und bei sorgfältiger Dosierung, Mischung und Verarbeitung kann man ein Raumgewicht von 2,27 erreichen. Zufügung von Steingrus erhöht das Gewicht, weshalb das sog. Topeka auf ein Raumgewicht von 2,5 kommen kann, wenn 30 % Steingrus darin verarbeitet wird. Für Basalt ist ein spez. Gewicht von 2,95—3,00 zu rechnen, für Quarzsand von 2,65. —

Tabelle 9. Zusammenstellung von Sheetasphalt: englische Norm.

Art	Prozente in Gewichten, Bitumen mitgerechnet	Prozente in Gewichten ohne Bitumen
Bitumen, löslich in CS_2	12	—
Sand, durchlaufend Sieb Nr. 200	16	18,1
„ „ „ „ 100 und bleibend auf Sieb Nr. 200	14	16,0
„ „ „ „ 80 „ „ „ „ „ 100	10	11,4
„ „ „ „ 50 „ „ „ „ „ 80	36	40,9
„ „ „ „ 40 „ „ „ „ „ 50	5	5,7
„ „ „ „ 30 „ „ „ „ „ 40	3	3,4
„ „ „ „ 20 „ „ „ „ „ 30	3	3,4
„ „ „ „ 10 „ „ „ „ „ 20	1	1,1
Im ganzen	100	100,0

Die Decklage muß man als eine Mischung von mineralischen Bestandteilen und Bitumen ansehen. Die mineralischen Teile sind wieder in Sand und Füllstoff zu unterscheiden. Letzterer ist nötig, um die allerfeinsten Poren, die noch im Sand vorkommen sollten, zu füllen. Denn das Ideal würde erreicht sein, wenn die fertige Decklage eine vollkommene Dichtigkeit erhalten hätte. Dies Ideal scheint bei-

Tabelle 10. Normen der Gemeinde Amsterdam für Sand und Füllstoff.

Geht durch Sieb Nr.	Bleibt liegen auf Sieb Nr.	In Prozenten		
		Ideal	Grenzen	Gruppengrenzen
10	20	3 ⎫	3—10	⎫
20	30	5 ⎬ 16	4—12	⎬ 14—20
30	40	8 ⎭	5—20	⎭
40	50	14 ⎫ 40	10—30	⎫ 30—40
50	60	26 ⎭	10—40	⎭
80	80	15 ⎫	6—20	⎫
100	100	14 ⎬ 29	10—25	⎬ 25—45
200	—	15 ⎭	5—15	⎭

nahe erreichbar und scheint auch von großem Wert für die Qualität des Pflasters zu sein.

Der Sand. Einstweilen besteht ungefähr 75% der Decklage aus Sand, er ist somit der Hauptbestandteil. Und alle Sachverständigen sind sich darüber eins, daß die Auswahl und die Körnergröße des Sandes den Erfolg des Sandasphalts bestimmen.

Der Sand muß in erster Linie so scharfkantig genommen werden, wie er nur irgend in der geforderten Körnergröße zu bekommen ist.

Dann muß er rein sein, und durch das Sieb Nr. 200 darf so gut wie nichts durchlaufen. Was an mineralischen Stoffen, feiner als durch das Sieb Nr. 200 durchgehend, nötig ist, wird als Füllstoff hinzugefügt.

Für die Beifügung des Füllstoffes wird jetzt in England eine Dosierung nach Tab. 9 als Norm betrachtet.

Die Amsterdamer Normen passen sich ziemlich dem Obenstehenden an, im allgemeinen ist aber der Sand etwas gröber. In bezug auf den gebräuchlichen Flußsand muß für Holland eine andere dichte Mischung entworfen werden (s. Tab. 10).

In der Praxis hat sich ergeben, daß man diesen holländischen Normen sehr gut nachkommen kann, was aus nebenstehender Tabelle hervorgehen wird, welche die Siebproben von einigen Arbeiten in Amsterdam wiedergibt, die trotz der großen Unterschiede auf einzelnen Sieben doch gut innerhalb der Grenzen liegen (s. Tab. 11). Das Kurvenbild 2 gibt ein allgemeineres Bild günstiger Sandasphaltzusammensetzungen.

Tabelle 11. Ausgeführte Siebproben in Amsterdam (Sand mit Füllstoff).

Datum der Siebprobe	Arbeit	Bleibt liegen auf Sieb Nr.										Passiert
		20	30	40	Summe 1. Gruppe	50	80	Summe 2. Gruppe	100	200	Summe 3. Gruppe	200
5. Juni 1924	Rembrandtplein	2,10	4,15	9,40	**15,65**	10,40	33,35	**43,75**	13,15	18,95	**32,10**	7,45
14. Juni 1924	Rembrandtplein	1,95	4,15	7,70	**13,80**	9,60	40,05	**49,65**	9,15	20,15	**29,30**	7,15
23. Sept. 1924	Nassaukade · ·	1,74	3,36	9,60	**14,50**	28,60	16,00	**44,60**	23,80	8,40	**32,20**	7,00

Tabelle 12. Siebproben von holländischem Sand.

Datum der Siebprobe	Sandsorte	Bleibt liegen auf Sieb Nr.							Ging durch Sieb Nr. 200
		20	30	40	50	80	100	200	
19. Sept. 1924	Flußsand	8,60	15,60	35,20	35,20	4,30	0,90	0,20	—
22. Sept. 1924	Flußsand	8,50	10,20	23,00	39,40	13,50	4,60	0,50	—
19. Sept. 1924	Dünensand	0,05	0,10	0,10	1,05	38,70	11,25	48,30	0,35
22. Sept. 1924	Dünensand	—	0,50	0,75	1,75	47,50	13,50	35,50	0,50

Um einzelne Angaben über die Körnergröße der hierzulande gefundenen Sandsorten zu veröffentlichen, werden nachstehend noch 4 Siebproben mitgeteilt, 2 betreffen Flußsand in der Art des gewöhnlichen, scharfen Mauersandes; die anderen beiden sind von verschiedenen Sorten Dünensand genommen (s. Tab. 12).

Der Füllstoff. Der Füllstoff oder Filler ist ein wichtiger Bestandteil der Mischung, die man als dicht bezeichnen will. Wenn man die offenen Räume zwischen dem Steingrus mit Sand füllt und sich die Hohlräume des groben Sandes mit feinem Sand dichtgemacht denkt, werden noch immer Räume zwischen dem feinen Sand offen bleiben. Diese Räume kann man mit einem Staub ausfüllen, bei dem festgestellt ist, daß er mit mindestens 75% durch ein Sieb Nr. 200 geht und der Rest durch ein Sieb Nr. 30.

Als Füllstoff kommt oft der Portlandzement in Betracht. In einigen Ländern nimmt man auch wohl Basaltstaub, Quarzmehl, gemahlenen Kalkstein oder Schiefer für diesen Zweck, und im Schlackenasphalt hat man die Flugasche aus den Rauchschloten der Abfallverbrennungsöfen auch wohl gebraucht.

Tabelle 13. Siebprobe von Portland-zement.

Geht durch ein Sieb von	Bleibt auf Sieb von	Prozente
50	80	1,20
80	100	5,05
100	200	11,20
200	—	80,45
	Verlust . .	1,60
	Zusammen	100,00

Zement ist in vielen Fällen aber wohl dasjenige Material, welches man meist zur Hand hat, es ist ein Handelsprodukt, und hat in der Regel diejenige Feinheit, die verlangt werden muß.

das in großen Mengen verfügbar ist, und hat in der Regel diejenige Feinheit, die verlangt werden muß.

Eine Schattenseite ist der ziemlich hohe Preis, der in der Tat für die Kosten des Pflasters von Bedeutung ist, weil man ungefähr 10—20% des Gewichtes der Decklage davon nötig hat. Bei Wahl eines billigen Zements muß man sich aber vorher von der Feinheit überzeugen, da festgestellt ist, daß mit dem Preis auch die Feinheit abnimmt.

Bei einer Siebprobe von Portlandzement zeigte sich, daß dieser vollkommen das Sieb Nr. 50 durchlief, der Rest zeigte ein Ergebnis gemäß Tab. 13.

Schlackensand. Der Gebrauch von gemahlenen Schlacken an Stelle von Sand hat auch in Amsterdam bereits beträchtlichen Umfang genommen. Eine große Anzahl Straßen sind schon damit gepflastert. Der Vorzug des Schlackensandes besteht darin, daß der Abfallverbrennung ein lohnendes Absatzgebiet erschlossen wird und daß er anderseits für Pflasterungen als ein anerkannnt gutes Material anzusehen ist. Es scheint, daß die Körnergröße und Dosierung beim Schlackenmaterial nicht so genau genommen zu werden braucht wie bei Sand. Außerdem liegt Schlackensand fester, er schließt sich besser ineinander, und die Porosität der Schlackenkörner begünstigt das Anhaften des Bitumens.

Die Schlacken müssen sehr fein gemahlen werden, und zwar von 3 mm als Maximum bis zu Staub.

Nach den Amsterdamer Vorschriften müssen die Schlacken nachstehenden Normen entsprechen, in dem Sinne, daß auf Sieb Nr. 8 8—12% des Gewichtes zurückbleiben darf (s. Tab. 14).

Tabelle 14. Normen der Gemeinde Amsterdam für Schlackensand.

Geht durch Sieb Nr.	Bleibt liegen auf Sieb Nr.	Prozente	
		Ideal	Gruppen-prozente
8	10	12	—
10	20	39	
20	30	18	} 65
30	40	8	
40	50	5	
50	80	6,5	} 11,5
80	100	1,5	
100	200	5	} 6,5
200	—	5	—

Diesen Normen kann in reichlichem Maße entsprochen werden, wenn auch das Mahlen und Sieben der Schlacken eine kostspielige Arbeit ist. Jetzt ist man bei der Abfallverbrennung in Amsterdam hierauf sehr gut eingerichtet, und kann allen Anforderungen, die in bezug auf die Körnungszusammensetzung für das Straßenpflaster gestellt werden, nachkommen.

Wie bereits vorstehend bemerkt, ist in Amsterdam auch eine Mischung von Sand und Schlacken zur Verwendung gekommen und, wie es scheint, mit gutem Erfolg.

In nebenstehender Tabelle sind noch 3 Siebproben wiedergegeben. 2 davon betreffen das Schlackenmaterial und 1 die Mischung von 1 Teil Dünensand, 1 Teil Flußsand und 3 Teilen Schlacken.

Die Siebproben sind ohne Beifügung von Füllstoff genommen (s. Tab. 15).

Topeka. In bezug auf die Zufügung von Steingrus in Sandasphalt

Tabelle 15. Siebproben von Schlacken zu Amsterdam, ohne Füllstoff.

Datum der Siebprobe	Arbeit	Bleibt liegen auf Sieb Nr.											Passiert
		10	20	30	40	Summe 1. Gruppe	50	80	Summe 2. Gruppe	100	200	Summe 3. Gruppe	200
3. Juli 1924	Rembrandtplein	5,6	26,85	9,75	8,60	**45,20**	8,60	18,70	**27,30**	4,60	10,95	**15,55**	4,0
23. Juli 1924	Rembrandtplein	3,5	19,5	8,5	8,0	**36,00**	11,50	12,0	**23,50**	21,0	8,50	**29,50**	4,0
6. Aug. 1924	Kerkstraat . .	3,0	14,5	13,7	16,0	**44,20**	12,2	25,0	**37,20**	6,5	6,0	**12,50**	3,1

bestehen für Amsterdam auch Normen, welche der Vollständigkeit halber auch mitgeteilt werden müssen (s. Tab. 16).

Tabelle 16. Normen der Gemeinde Amsterdam für Topeka.

Geht durch Sieb Nr.	Bleibt auf Sieb Nr.	Prozente	
		Ideal	Grenzen
2	4	8	6— 9
4	10	24	20—26
10	40	22	13—34
40	80	22	13—34
80	200	14	5—24
200	—	10	7—11

Das Ergebnis von 2 Proben mit der trockenen Mischung von Basaltgrus, Sand und Füllstoff ist in nachstehender Tabelle wiedergegeben:

Tabelle 17. Siebproben der mineralen Bestandteile von zwei Straßen in Amsterdam.

Datum der Siebprobe	Straße	Bleibt liegen auf Sieb Nr.						Ging durch Sieb Nr. 200
		4	10	Summen 4 und 10	40	80	200	
14. Aug. 1924	Plantage Middellaan	5,30	17,30	22,60	20,90	26,80	21,60	7,90
15. Sept. 1924	Kalfjeslaan	2,87	20,89	23,76	19,66	21,01	27,09	8,26

Der Bitumengehalt. Die verschiedenen Sandasphaltkonstruktionen, wie sie vorstehend beschrieben worden sind, verlangen alle eine verschiedene Menge Bitumen, und sogar die Art des Bitumens ist nicht für alle Konstruktionen die gleiche, indem man z. B. für gewöhnlichen Sand Shelfalt mit einer Penetration von 45—55 braucht, während man für Schlackensand eine weichere Sorte verwenden muß.

Menge, 'Bitumen und Grad der Penetration sind in Tabelle 21 zusammengestellt.

Die darin angeführten Daten beziehen sich aber ausschließlich auf Petroleumrückstände.

Bei Verwendung von Trinidad werden sich die Zahlen etwas ändern, weil dieses Material aus ungefähr 60% reinem Bitumen und 40% feinem Kalkstein besteht. Dieser Zuschuß kommt dem Füllstoff zugute, so daß die Beigabe von feinem Material nicht so groß zu sein braucht wie bei Gebrauch von reinem Bitumen.

Für die Beurteilung, ob eine Mischung zu karg oder zu reich ist, wird viel Erfahrung und Fachkenntnis gefordert. Für denjenigen, der damit bekannt ist, besteht eine einfache Probe, dies zu untersuchen: der sogenannte „pat test". Bei dieser Untersuchung wird ein kleines Quantum der 175° C warmen Mischung auf Manillapapier geschüttet.

Abb. 8. Festwalzen des Sandasphalts mit einer Tandemwalze von 7 Tonnen.

Nach Entfernung der Mischung kann man aus dem zurückgelassenen Abdruck beurteilen, ob der Bitumengehalt gut ist, d. h. ob die Mischung zu karg oder zu reich ist.

Die Mischung. Vorstehend wurde bereits erwähnt, daß für die Zubereitung von Sandasphalt eine komplizierte und kostspielige Einrichtung notwendig ist. Dies gründet sich darauf, daß die mineralischen Bestandteile sowohl getrocknet und gereinigt wie auch hoch erhitzt werden müssen, und daß andererseits das Bitumen geschmolzen und hoch erhitzt werden muß, während zum Schluß die innige Mischung dieser zwei Grundstoffe, zum Teil noch unter Zufügung eines Füllstoffes, in kurzer Zeit gründlich ausgeführt werden muß.

Es ist dazu eine Maschine nötig, die den Sand auf eine Temperatur von etwa 170—180° C bringen kann und dabei gleichzeitig den Staub und Schmutz heraussaugt und dabei noch grobe Teile aus dem Sande absiebt. Die Erhitzung geschieht in der Regel in einer Trockentrommel, die stark erhitzt wird. Das Schmelzen des Bitumens wird meist in besonderen Kesseln ausgeführt. Die Temperatur des Bitumens muß bei der Vermischung etwa 180° C betragen.

Zum Schlusse müssen die beiden Materialien abgewogen werden und in einem gut konstruierten Mischtrog mit Rühreinrichtung (sog. paddle mixer) so gut miteinander vermischt werden, daß jedes Mineralteilchen mit Bitumen umhüllt wird.

Um schnell arbeiten zu können, muß die Mischeinrichtung so gebaut sein, daß die Mischung für die Zwischenlage in 40 Sekunden und die für die Decklage in 60 Sekunden fertig ist. Nur bei schneller Mischung kann man per Tag eine genügend große Oberfläche fertigstellen.

Die Leistungsfähigkeit der Mischeinrichtung wird ausgedrückt per Tonne und Stunde. So stellt die Maschine auf Abb. 1 z. B. eine 12-Tonnen-Maschine dar, d. h. mit ihr können in einer Stunde 12 t Sandasphalt zubereitet werden.

Der Transport. Von wesentlicher Bedeutung bei Anlage von gewalzten Asphaltstraßen ist der Transport des warmen Materials. Dieses kommt mit einer Temperatur von 180° C aus der Mischmaschine und muß bei Ausbreitung auf der Straße mindestens noch 165° C besitzen. Infolgedessen sind hierfür besondere Transportmittel notwendig, die Wärmeverlust möglichst vermeiden. Man kann dafür gewöhnliche Frachtautos verwenden, die mit wollenen Decken zugedeckt werden können. Muß der Transport größere Strecken zurücklegen, so kann es sein, daß man im Frühjahr und Herbst zuviel Wärme verliert. Deshalb benutzt man heute Spezialwagen, die mit dichten Deckeln abgeschlossen werden und mit doppelten, isolierten Wänden versehen sind.

Die Notwendigkeit, das Material mit möglichst hoher Eigenwärme zur Verlegung zu bringen — es hängt von der Höhe der Temperatur der Masse ihre Komprimierbarkeit, die Leichtigkeit der Verarbeitung und als Folge davon auch das gute Aussehen der Straße ab — zwingt zur Anschaffung schnellaufender Transportwagen. Schnellaufende Wagen sind besonders bei großer Entfernung der Mischmaschine von der Arbeitsstelle notwendig, um zu vermeiden, daß man eine große Anzahl von Transportmitteln nötig hat, um geregelt durcharbeiten zu können.

Die Verarbeitung. Sobald das Material auf die Unterbettung oder die Zwischenlage ausgestürzt ist, muß es schnell verarbeitet werden. Bei kaltem Wetter muß es sogar sofort zugedeckt werden, um nicht abzukühlen.

Die warme Mischung wird mit Schubkarren schnell an die Arbeitsstelle gefahren, dort ausgebreitet und mit Rechen verteilt, worauf zuerst die Seiten, die man mit der Walze nicht ausreichend fassen kann, festgestampft werden. Darauf wird die Decklage leicht mit einer Handwalze übergerollt, worauf die schwere Walze, meist und mit Vorliebe eine Tandemwalze, die Decklage vollständig zusammendrückt.

Die größte Dichtigkeit ist nach dem Walzen meistens noch nicht erreicht. Um aber möglichst von vornherein die endgültig mögliche Dichtigkeit zu erreichen, benutzt man auch eine schwere Dreiradwalze zum Nachwalzen. Durch den Verkehr tritt noch eine gewisse Nachkomprimierung ein, allerdings lange nicht soviel wie bei Stampfasphalt. Nach dem Walzen wird die Decklage mit Zement bestreut und eingefegt, um Oberflächenporen, die vielleicht noch vorhanden sein sollten, zu schließen.

Wellenbildung. Große Sorgfalt erfordert die Bearbeitung einer gewalzten Asphaltdecklage, um Wellenbildungen zu verhindern. Sie treten an der Oberfläche sehr leicht auf während der Arbeit, und sitzen sie einmal in der Decke, so besteht die Möglichkeit, daß sie durch den Verkehr noch stärker werden.

Die Wellenbildung in einer Asphaltdecke ist der große Mangel dieses vortrefflichen Pflasters. Es ist nicht leicht, sie bei der Anlage zu vermeiden, weil sie durch den rhythmischen Gang der Walze verursacht wird. Man muß deshalb dafür sorgen, daß nicht in einer Richtung gewalzt wird, daß vielmehr diagonal und in Bogen über die Decklage hin und her gefahren wird. Letzteres bringt den Vorteil, die kleinen Unebenheiten, die beim Walzen in der Längsrichtung eingedrückt werden können, wieder herauszurollen.

Prevost Hubbard, der bekannte Sachverständige auf dem Gebiet des Asphaltstraßenbaus, gibt in einem seiner Berichte zum internationalen Straßenbaukongreß 12 Gründe für die Wellenbildung an. Da die Frage recht wichtig ist und weil seine Schlüsse auf sehr großer Erfahrung beruhen, werden sie nachstehend angeführt:

Mängel in der Unterbettung.

1. Mangel an Tragvermögen, was zu Veränderungen in der Festigkeit der Unterbettung führen kann.

2. Unregelmäßigkeiten im Profil, was Ungleichheiten in der Dicke des Belages verursacht und als Folge davon ungleichmäßige Zusammendrückung.

3. Glatte Oberfläche der Unterlage, was Verschiebungen der Asphaltschicht möglich macht.

Mängel in der Mischung.

4. Gebrauch eines zu weichen bituminösen Bindemittels in bezug auf Klima, Art des Verkehrs und Körnergröße der mineralischen Bestandteile.

5. Gebrauch einer zu großen Menge von Bindemittel.

6. Zu feines Material im Verhältnis zur Art und Menge der Bindemittel, wodurch eine wenig feste Mischung entsteht.

7. Zu großer Prozentsatz von mineralischen Bestandteilen mit runden Flächen.

Fehler in der Bauart.

8. Unebenheiten in der Oberfläche, verursacht durch schlechtes Ausbreiten der Mineralien oder falsches Walzen oder auch durch Mangel an Homogenität der Mischung.

9. Zu geringe Zusammendrückung in der ersten Walzperiode. Die Ursache kann sein: eine zu leichte Walze, unzureichendes Walzen oder zu große Abkühlung der Mischung, oder endlich eine zu große Stärke der Lage, um sie auf einmal festwalzen zu können.

10. Schlecht ausgeführte Anschlüsse bei Wiederaufnahme der Arbeit.

Nebenursachen.

11. Aufnahme einer zu großen Menge Öl oder flüchtiger Stoffe, die durch Autos auf den Weg gebracht werden, wodurch das Bindemittel abnormal weich wird.

12. Entweichen von Gasen, die sich unter der Decklage bilden und auch Veranlassung geben, das Bindemittel weich zu machen.

XIII. Teerstraßen.

Allgemeines. Die Verwendung des Teers als Bindestoff in der Straßendecke reicht noch nicht weit zurück. Aus der geschichtlichen Entwicklung der Teerstraßen sind folgende Hauptdaten zu nennen.

1901. Ausführung des ersten Oberflächenüberzuges mit Teer in Monte Carlo.

1905. Einführung des Teermischverfahrens durch den Schweizer Ingenieur Aeberli.

1909. Gründung des englischen Wegeamtes (Road Board), das sich besonders zur Aufgabe stellte, die Anwendung von Teer im Straßenbau zu studieren.

1911. Dieses Wegeamt veröffentlicht Vorschriften über die Behandlung von Straßen mit Teer.

1924, 1925 und 1926 folgen dazu weitere Zusätze und Verbesserungen.

1927. Die Deutsche Studiengesellschaft für Automobilstraßenbau gibt „Vorläufige Richtlinien" heraus über die Baustoffe im Teerstraßenbau.

Wie nicht anders zu erwarten, sind bei der Verwendung von Teer im Straßenbau manche Mißerfolge aufgetreten. Es fehlten anfangs die Erfahrungen und die Kenntnis von den im Teer befindlichen, als Straßenbaubindemittel wirksamen und unwirksamen Einzelstoffen. So sind vielfach die völlig ungeeigneten Rohteere genommen worden. Die heute gültigen Vorschriften über die Verwendung von Teer sind der Niederschlag langjähriger wissenschaftlicher Erforschung und praktischer Versuche.

Zusammensetzung des Teers. Im einzelnen wird jetzt gefordert:

1. daß der Straßenteer möglichst reiner Kohlenteer und bei der Destillation der Kohle in Gasanstalten oder Kokereien gewonnen sei,

2. daß er bezüglich seiner Zusammensetzung und äußeren Beschaffenheit (Zähflüssigkeit) den in folgender Zusammenstellung wiedergegebenen Ansprüchen genüge.

Der praktische Straßenbauer muß die speziellen Eigenschaften des Teers kennen, die ihn geeignet machen für den vorgesehenen Zweck. So ist z. B. aus den Vorschriften herauszulesen, daß die Zusammensetzung und Konsistenz eines Teers für Oberflächenbehandlungen anders sein soll als für Teermakadam.

Tabelle 18.

| | Deutsche Normen der „Stufa" | | | Vorschriften des englischen Wegeamtes | | Neue Vorschrift der englischen Tar Association (1928) | |
	Straßen-teer 1	Anthrazenölteer 50/50	Anthrazenölteer 60/40	Teer Nr. 1 Oberflächenteer	Teer Nr. 2 Innenteer	Teer Nr. 1	Teer Nr. 2
Spez. Gewicht bei 15° C nicht höher als	1,225	1,225	1,225	1,225	1,240	über 1,14 unter 1,225	˙über 1,15 unter 1,24
Wasser oder Ammoniak nicht mehr als Gew. %	1,0	1,0	1,0	1,0	1,0	unter 0,5	unter 0,5
Destillate 0—170°C (Leichtöle)	1,0	1,0	1,0	1,0	1,0	höchstens 1,0	höchstens 1,0
Destillate 170—270° C (Mittelöle) . . .	12—24	1—15	1—10	12—24	10—18	9,5—21	8,0—16
Destillate 270—300° C (Schweröle) . .	4—12	4—12	2—12	4—12	6—12	3,5—12	3,5—12
Phenole nicht mehr als Vol. %	5	3	3	5	4	höchstens 5,0	höchstens 4,0
Naphthalin nicht mehr als Gew. % . .	5	3	3	8	5	höchstens 6,0	höchstens 5,0
Freier Kohlenstoff Gew. %	5—18	5—18	5—18	höchstens 22	höchstens 24	maximal 20,0	6,0—21,0
Viskosität nach Hutchison, Sekunden .	3—15	1—15	20—80	3—20	20—100	bei 30° C 10 bis 40 *	40—125 *
Pechgehalt Gew. %	55—65	45—55	55—65	—	—	—	—

* Wenn auch 40 Sekunden maximal für Teer 1 und 125 Sekunden maximal für Teer 2 von Road Board angegeben ist, können jedoch Verwaltungen nach ihrer Entscheidung höhere Konsistenzen verwenden.

Da heute der Teerverbraucher von den großen Teerlieferfirmen Analysenzettel mitbekommt, kann er schon durch einfachen Vergleich mit obigen Zahlen feststellen, ob der von ihm verwendete Teer den Normen entspricht.

Das Suchen nach der zweckmäßigsten Zusammensetzung der Straßenteere ist mit diesen Feststellungen und Vorschriften zwar ein gutes Stück voran, aber noch keineswegs zum Abschluß gekommen.

Die deutschen Vorschriften wie auch die der Schweiz vom Jahre 1927 werden ausdrücklich als vorläufige bezeichnet. Die Engländer sagen in ihren Richtlinien, daß durch die Vorschriften der Verbrauch von Sondererzeugnissen nicht unterbunden werden solle.

Auf verschiedenen Wegen sucht man heute noch Verbesserungen des Teers zu erreichen, wie z. B. durch besondere chemische Behandlung und Zusätze.

Hier sind zu nennen: Hineinleiten von Luft in erwärmten Teer, wodurch eine Verharzung eintritt; dann Zusätze von Asphalt, Schwefel, Montanwachs und Kumaronharz. Die Zugabe von Asphalt zum Teer kann erfolgen durch Vermischen von flüssigem Asphalt mit Teer oder durch Zugabe von Asphalt in Pulverform zum Teermineralgemisch.

Anwendungsarten. Die gebräuchlichsten Anwendungsarten von Teer im Straßenbau sind:

1. die Oberflächenbehandlung,
2. der Teermischmakadam,
3. das Tränkverfahren.

Oberflächenbehandlung. Für Oberflächenüberzüge auf Schotterstraßen ist der Teer ein vorzügliches Material. Vor seiner Aufbringung muß die Straßenoberfläche von allem Staub und kleinen Steinkörnchen derart gereinigt sein, daß das Schottergerüst bloßgelegt wird. In Spezialkesseln wird der Teer auf eine Temperatur von ca. 120°C erhitzt und dann mit Gießkannen oder mit Sprengmaschinen dünn auf die Straße gebracht. Ein Anhaften des Teers auf der Straßendecke ist nur gewährleistet, wenn sie vollkommen trocken ist. Beginnt es während der Arbeit zu regnen, so ist diese bis zum vollkommenen Abtrocknen der Straße zu unterbrechen.

Die frisch überteerte Straßendecke wird, tunlichst solange der Teer noch warm ist, mit trockenem und sauberem Splitt einer Körnung von nicht über 15 mm bestreut, derart, daß der Überzug dicht bedeckt ist. Ein leichtes Einwalzen ist vorteilhaft und bewirkt, daß der Splitt sich in den Teer eindrückt. Für den Quadratmeter sind bei erstmaliger Behandlung durchschnittlich 1,5—2,5 kg Teer und ca. 15—18 kg Splitt, bei Wiederholungen ca. 1—1,5 kg Teer und ca. 12—15 kg Splitt erforderlich.

Die Oberflächenbehandlung mit Teer ist eines der wirtschaftlichsten und billigsten Verfahren, um einer Straße eine bituminöse, staubfreie Decke zu geben. Bei leichtem Verkehr muß eine Nachbehandlung alle 2—3 Jahre, bei mittlerem Verkehr jährlich stattfinden.

Um der Teerung von vornherein größere Dauerhaftigkeit zu verleihen, empfiehlt es sich, nach einiger Zeit einen zweiten Überzug mit Asphalt aufzubringen. Durch den dünnflüssigeren Teer wird in diesem Falle eine ziemlich tiefe Durchsetzung der Schotterdecke mit einem Bindemittel erreicht, während der zähere Asphalt in der Oberschicht besonders den Widerstand gegen Verschleiß erhöht.

Teermakadam. Angeregt durch die guten Erfolge der ersten Oberflächenteerungen ging man weiter zum Teermakadam, der heute eine häufig angewandte Straßenbefestigung ist.

Die verschiedensten Gesteine und besonders Hochofenschlacke werden zu seiner Herstellung verwandt. Hartes und zähes Material ist weichem und zum Zerfall neigenden vorzuziehen, da es besser der Abnutzung widersteht. Weiches Material erfordert auch einen weicheren Teer. Die verschiedenen Jahreszeiten bedingen ebenfalls die Verwendung verschiedener Sorten.

Hierüber sind von der englischen Tar-Association folgende Leitsätze angegeben:

Im einzelnen wird in England eine Teerkonsistenz gefordert

> für Oberflächenarbeiten:
> im Sommer 8—15 Sekunden bei 25° C nach Hutchinson
> „ Winter 5—10 „ „ 25° C „ „
> für geteerte Schlacke:
> im Sommer 18—25 Sekunden bei 25° C nach Hutchinson
> „ Winter 10—20 „ „ 25° C „ „
> für geteerten Kalkstein:
> im Sommer 25—35 Sekunden bei 25° C nach Hutchinson
> „ Winter 15—30 „ „ 25° C „ „
> für geteerten Granit oder Basalt:
> im Minimum 50 Sekunden
> kein Maximum
> Teertränkdecke:
> im Sommer 90—120 Sekunden bei 25° C nach Hutchinson
> „ Winter 80—100 „ „ 25° C „ „

Teermakadamdecken werden kalt oder warm eingebaut. Erstere verlangen als Bindematerial einen weicheren Teer (im Durchschnitt 60—65% Pech, 40—35% Öl).

In warm verlegten Decken kommen Teere mit weniger Teerölanteilen (22—28%) und auch Gemische von Teeren mit Asphalt zur Verwendung, die höhere Viskosität als ca. 80 Sekunden (Hutchinson) zeigen.

Die Herstellung des Teermakadams erfolgt in Mischanlagen. Warm zu verlegende Decken müssen in der Nähe der Verwendungsstelle aufbereitet werden.

Es ist wesentlich, daß das Steinmaterial vor der Beigabe des Teers vollkommen frei von Feuchtigkeit ist. Zu diesem Zwecke wird es in einer geeigneten Apparatur getrocknet. Auch trockenes und kaltes Material sollte vor dem Vermischen mit Teer erwärmt werden. Im übrigen ist darauf zu achten, daß in den Trockentrommeln ein Überhitzen des Gesteins vermieden wird, da infolge zu hoher Temperaturen bei dem Mischen mit Teer dieser einen Teil seiner flüchtigen Öle verlieren kann und dadurch zu hart wird, was sich in schwierigerer Bearbeitungsmöglichkeit des geteerten Materials späterhin auswirkt. Passende Mischtemperaturen sind für Teer ca. 60—80° C, für das Gestein ca. 40—80° C.

Der Teerverbrauch richtet sich nach der Größe der Oberfläche, die das Gestein besitzt. Die Körnung 40—60 mm benötigt ca. 3,5—4%, eine Körnung 0—5 mm dagegen ca. 7,5%.

Mischungen mit Teeren geringerer Konsistenz können gelagert werden.

Einbau auf der Straße. Die am meisten angewandten Verfahren sehen Beläge von zwei oder mehr Schichten verschiedener Körnung vor, wobei die feineren auf die grobkörnigeren gelegt werden. Es sind das offene Bauausführungen mit großen Porenräumen im Innern der verlegten Decke.

Das Material besitzt im Durchschnitt zu:

ca. 60% eine Körnung von 40—60 mm Durchmesser
„ 30% „ „ „ 25—35 „ „
„ 10% „ „ „ 12—18 „ „
das Abstreumaterial eine Körnung von 5—8 mm.

Bei Schichtdecken über 7,5 cm wird das 40—60-mm- und das 25—35-mm-Material einzeln eingebaut und gewalzt, bei geringerer Schichtstärke werden die beiden Körnungen in einer Schicht verlegt und gewalzt, darauf das 12—18-mm-Material gegeben und nochmals gewalzt. Die festgedrückte Decke wird abgestreut mit ungeteertem Material von ca. 5—8 mm Durchmesser.

Bei einer Ausführung in 4 Schichten besteht die:

1. Schicht aus einer Körnung von 3—5 cm,
2. „ „ „ „ „ 1,5—3 cm,
3. „ „ „ „ „ 0,5—1,5 cm,
4. „ „ „ „ „ 0—0,5 cm.

Diese Ausführung mit einer Teer-Feinmineral-Deckschicht verlangt keine baldige Nachbehandlung. Die zweischichtige Decke muß jedoch einige Zeit, nachdem sie dem Verkehr überlassen worden ist, im Durchschnitt nach ca. 6—8 Wochen, eine Oberflächenteerung mit nachfolgender Absplittung erhalten.

Obgleich dieses Verfahren des Einbauens von Teerstraßenmaterial in einzelnen Lagen von je gleicher Korngröße den immer mehr sich durchsetzenden Forderungen nach einer hohlraumarmen Decke nicht entspricht, so ist es doch bis heute noch die übliche Form. Eine gewisse Oberflächenabdichtung bildet sich dadurch, daß die feineren Steine der oberen Schichten sich in die Zwischenräume der unteren Lagen hineinpressen. Spätere Teerungen und die allmähliche Zertrümmerung der Gesteine durch den Verkehr bilden eine dichte, wenn auch dünne Schutz- und Abnutzungsschicht, die aber zum Schutz gegen das Eindringen von Wasser und zur Vermeidung von Zerstörungen rechtzeitig immer wieder erneuert werden muß.

Bei der Verlegung des Teermakadams schwere Walzen zu benutzen, hat sich, wenn weiches Gestein verwandt wird, als nachteilig erwiesen, da dieses zerdrückt wird.

Die Erfahrungen mit Teerdecken gehen nun dahin, daß ebenso wie bei Asphaltbelägen die von vornherein dichtgebauten Straßen sich als haltbarer erweisen als die offenen Konstruktionen.

Die Diskussion darüber, ob und wie Teermakadam in der offenen oder dichten Bauweise gebaut werden soll, ist neuerdings wieder lebhafter geworden. In England bemühen sich die führenden Köpfe der Teerstraßenindustrie, ihren Kollegen begreiflich zu machen, daß nur die dicht konstruierten, warm zur Verlegung kommenden und schnell erhärtenden Teermakadambeläge den modernen Verkehrsansprüchen gewachsen seien.

Man hat den Eindruck, daß die Teerstraßenindustrie sehr gern ihre Konstruktionsmethode in dieser Richtung zu vervollkommnen suchte, wenn sie nicht zu gleicher Zeit die Bequemlichkeit der Kaltverlegung aufgeben und bedeutend höhere Gestehungskosten in Kauf nehmen müßte als Folge der bei dichten Gemischen notwendigen Beigabe von Feinkorn und Füllstoff und der Erhöhung der Teerzusätze.

Unter Beachtung einer Reihe Vorsichtsmaßregeln ist es durchaus möglich, Teermakadam einer gleich dichten Mineralmischung, wie sie im Asphaltbeton in Anwendung ist, mit Erfolg zur Verlegung zu bringen. Es muß jedoch streng darauf geachtet werden, daß die Mineralmasse durch Verwendung scharfkantigen Gesteins in sich recht lagerfest und sperrig ist, und daß Teer nicht im Überschuß beigegeben wird, wodurch insbesondere bei wärmerem Wetter leicht Verschiebungen möglich sind.

Die Gefahren, die in der Benutzung des weichen Bindematerials liegen, werden vermieden

1. durch die Verwendung möglichst scharfkantigen gebrochenen Steinmaterials,

2. durch größtmöglichste Dichtigkeit der Mischung.

Passende Teere für die dichten Bauweisen haben günstigerweise einen Schmelzpunkt von (Kr.-S.) 25—30° C (präparierte Teere mit 22—28% Öl und 72—78% Pech).

Dammann-Asphalt. Dammann-Asphalt kann als ein primitiver Sandasphalt angesprochen werden, mit dem Unterschiede, daß an Stelle von Asphalt Teer als Bindemittel (oder besser gesagt als Gleitmittel) verwendet wird. Da die Verwendung von Teer eine höhere Temperatur der Mischung unnötig macht, hat der Dammann-Asphalt den unverkennbaren Vorteil, daß er kalt angelegt werden kann.

Das Verfahren ist eine Erfindung von Dr. Dammann, Stadtbaurat von Essen. Sein Verfahren hat in den Jahren nach 1920 in Essen und Umgegend ziemlich große Anwendung gefunden, und in den Hauptstraßen von Essen hat es sich ziemlich gut halten können. Wenn die Bauweise gelingt, wie sie in Essen gelungen ist, erhält man mit dem Dammann-Asphalt ein Pflaster, das äußerlich starke Ähnlichkeit mit Stampfasphalt hat. Unglücklicherweise sind die Proben in Holland bis jetzt noch nicht besonders gut ausgefallen. Im Jahre 1923 ist es in Amsterdam, den Haag und Utrecht auf eine Betonunterbettung gelegt worden. Die Ergebnisse sind nicht immer günstig. Das Stück in Amsterdam mußte bereits mehrere Male repariert werden.

Der Dammann-Asphalt besteht zu ungefähr 94,5% aus gemahlener Hochofenschlacke oder ähnlichem feinen Steinmaterial und ungefähr zu 5,5% aus wasserfreiem Kohlenteer. Nach dem Erfinder hat der Teer nicht die Aufgabe zu binden, sondern dient lediglich als Gleitmittel, um die Zusammenpackung des Materials zu befördern. Da höchstens 7%, jedoch als Regel nur 5,5% Teer verarbeitet wird, ist eine sehr gründliche Mischung nötig, mit dem Zwecke, jedes einzelne Staubteilchen noch mit Teer einzuhüllen. Nach der Mischung ist das Material zwar schwarz gefärbt, jedoch infolge der geringen Teerbeigabe nicht feucht oder klebrig geworden. Nur bei Druck wird es zu einer kompakten Masse geformt.

Die Mischung wird kalt auf die Unterbettung verlegt und mit einer leichten Handwalze festgerollt, nachdem vorher die Seiten gut angestampft worden sind. Das weitere Zusammenpressen wird dem Verkehr überlassen. Nach Art der Sache wird ein rollender Verkehr — Pferdezug — besser diese Aufgabe erfüllen wie der Autoverkehr, der an die nicht gänzlich festliegende Decklage zu Anfang hohe Forderungen stellt, besonders in Kurven. Man hat die sofortige Brauchbarkeit in derartigen Fällen vergrößern wollen durch Zufügung von 2—4% Pech, das in Gestalt von feinem Pulver der Mischung in kaltem Zustande hinzugefügt wird.

Der Dammann-Asphalt ist nicht wie der Sandasphalt auf sorgfältiger Zusammenstellung von mineralischen Bestandteilen verschiedener Körnergröße basiert, indessen wird doch wohl nach einer gewissen Dichtigkeit gestrebt. Die übrigbleibenden Hohlräume in der

Masse werden nach der Komprimierung auf ca. 10 Raumprozent geschätzt. Das Raumgewicht des Pflasters ist ca. 2,3.

In Holland ist der Dammann-Asphalt meistens auf eine Betonunterbettung bis zu einer Stärke von 5 cm nach dem Walzen gelegt worden. In Essen und anderswo wurde er aber auch vielfach auf eine alte ausgefahrene Pflasterstraße gelegt. Die Unebenheit dieser alten Decke zeigten sich jedoch häufig wieder in dem nachträglich komprimierten Asphalt.

Gegen den Namen „Asphalt“, der diesem System gegeben wird, müssen ernsthafte Bedenken erhoben werden, weil gerade das Fehlen von Bitumenstoffen, die warme Verarbeitung fordern, eine charakteristische Eigenschaft des Dammann-Pflasters ist.

Zusammenfassung. Teermakadam der dichten Bauweise bedeutet in mancher Hinsicht eine Fortentwicklung, die stabilere, weniger Unterhaltung erfordernde Beläge ergibt. Das Gemisch wird aber mit zunehmender Dichte und hinreichendem Teerzusatz immer mehr ungeeignet für Lagerung, Transport und Kalteinbau, so daß eben damit die Vorzüge der offenen Bauweise preisgegeben werden.

Durch die Verwendung der komplizierteren Mischung mit viel Feinmaterial und Füllstoff und durch die höheren Prozentsätze an Teer sind die Gestehungskosten außerdem viel höher als bei den Kaltteergemischen.

Der Einbau im Kaltverfahren ist unabhängig von der Stelle der Fabrikation. Das Material klebt beim Transport nur wenig zusammen, da sich die einzelnen Gesteine ja nur mit einem kleinen Teil ihrer Oberflächen gegenseitig berühren. Das Material läßt sich infolgedessen leicht handhaben und einbauen.

Die Kaltteerverfahren haben deshalb größere Verbreitung gefunden als die Warmausführungen. Man nimmt die Mängel, die durch die Form der losen Bauweise bedingt sind, bewußt in Kauf gegenüber den Vorteilen der billigeren Herstellung und leichteren Unterhaltung.

Tränkverfahren. Die Tränkmakadamausführung mit Teer, für die im großen und ganzen die gleichen Erfordernisse gelten wie für Asphalt, haben in vielen Fällen zu sehr guten Ergebnissen geführt. Am besten sind sie gelungen mit der sog. Halbtränkung. Ein wichtiges Erfordernis ist dabei, daß ein Teer, von möglichst hoher Viskosität (Zusammensetzung etwa 25% Öl, 75% Pech) gebraucht wird. Günstige Erfahrungen sind auch mit dem ziemlich dickflüssigen „Wetterteer“ der Teerverkaufsvereinigung Essen gemacht worden.

Im übrigen gilt für dieses Verfahren sinngemäß das, was beim Tränkverfahren mit Asphalt bereits gesagt worden ist.

Unseres Erachtens eignet sich Teer infolge seiner bei der Erwärmung vorhandenen größeren Dünnflüssigkeit besser für diese Methode als Asphalt.

Beurteilung der Teerstraßen. Die Haltbarkeit einer Teerstraße, gleich welcher Konstruktion, hängt im höchsten Grade von der Lebenskraft des Teers ab. Wird die Oberfläche einer Straße durch sorfältige Abdichtung nicht gegen den Eintritt der Luft und des Wassers geschützt, so tritt eine Veränderung und Versprödung des im Innern der Decke befindlichen Teers ein. Es sind Fälle bekannt, wo Teere, die beim Einbau nur 12—15% freien Kohlenstoff hatten, nach einigen Jahren so weit verändert waren, daß bei der Untersuchung ein Kohlenstoffgehalt von über 40 und mehr Prozent gefunden wurde.

Auf Grund dieses Verhaltens des Teers ist eine sorgfältige Pflege und Instandhaltung der Oberfläche von großer Bedeutung.

Auf Straßen mit stärkerem Verkehr muß diese Oberflächenerneuerung in Form einer Oberflächenteerung mit Absplittung alljährlich erfolgen. Auf Straßen mit geringerem Verkehr etwa alle 2 Jahre. An Stelle von Teer wird bei den Nachbehandlungen oft Asphalt verwandt, weil er sich unter den Einwirkungen des Verkehrs nicht verändert und die unter ihm liegende Teergesteinsmasse vor weiteren Einwirkungen von Luft und Wasser besser schützt und dadurch die Lebensdauer der Teerstraße verlängert.

Diese regelmäßig zu wiederholenden Überzüge verteuern trotz geringerer Herstellungskosten auf die Dauer die offenen Teerstraßendecken und erfordern dadurch höhere Unterhaltungskosten als geschlossene Beläge.

XIV. Emulsionen.

In den letzten Jahren haben die auch unter normalen Temperaturverhältnissen dünnflüssigen Asphaltemulsionen größere Verbreitung gefunden. Sie bedürfen zur Verwendung keiner Erwärmung, keiner Maschinenarbeit und können so, wie sie auf die Baustelle angeliefert werden, zur Auftragung gelangen. Die Arbeiten mit ihnen sind nicht in dem Maße wie bei Heißausführungen vom Wetter abhängig. Auf Grund ihrer Dünnflüssigkeit besitzen sie eine große Durchdringungskraft und widerstehen auf der Straße den Einwirkungen des Frostes oft besser als heißverlegte Decken. Auf die Straße gegeben, binden sie rasch ab und hinterlassen nicht weiche, in der Hitze blutende Stellen, wie es oft bei Teerungen zu beobachten ist. Weiterhin ergeben sie auf Grund der stärkeren Durchsetzungsmöglichkeit der Bitumenschicht mit Splitt stets eine griffige Decke. Sie sind leicht verwendbar für Reparaturarbeiten, besonders für das Flicken von Schlaglöchern.

Erklärung einer Emulsion. Kurz gesagt, sind in einer Emulsion die Partikeln eines Stoffes — hier Asphalt — in einer Flüssigkeit freischwebend enthalten, ohne daß sich die einzelnen Asphaltteilchen zusammenklumpen und in der Flüssigkeit absetzen. Bei der Herstellung einer Emulsion — man spricht auch Emulsion als eine kolloidale Lösung an — liegt die Schwierigkeit zuerst darin, den Asphalt in feine Teilchen zu zerlegen und zu verhindern, daß diese sich zu größeren wieder vereinigen. Hierin liegen die Hauptschwierigkeiten bei der Herstellung. Die Teilchen haben nämlich das Bestreben, sich wieder zusammenzuballen. Durch Zusatzstoffe, sog. Emulgatoren oder Schutzkolloide, werden sie daran gehindert. Diese Erscheinung hängt mit chemischen und elektrostatischen Faktoren zusammen, deren Erörterung hier zu weit führen würde. Die gewöhnlich angewandten Schutzkolloide oder Emulgatoren (auch Stabilisatoren genannt), enthalten im allgemeinen Seife, Stärke, Kasein, Gummi, Leim usw. in Verbindung mit einem Alkali, wie Soda oder Pottasche. Die Zusatzmenge dieser Stoffe beträgt heute im allgemeinen 0,5—5%.

Es ist wünschenswert, daß der Prozentsatz an Emulgator in der Lösung so niedrig wie möglich bemessen wird. Er soll keinen anderen Zweck haben, als das In-der-Schwebe-halten des Bitumens zu erleichtern. Außerdem soll er ein sehr leichtlöslicher Körper sein, so daß er bei dem Zerfall der Emulsion auf der Straße mit dem Wasser vollkommen mitgenommen wird, nichts als das reine Bitumen zurücklassend.

Ungeeignete Stabilisatoren bewirken frühzeitigen Zerfall der Emulsion, was zu der häufig beobachteten Erscheinung des Ausflockens führt.

Von dem in der Emulsion enthaltenen Bitumen ist zu fordern, daß es ein möglichst reiner Asphalt genau der gleichen Eigenschaften ist, wie er sonst für Oberflächenarbeiten und Tränkausführungen verwandt wird.

Herstellung der Emulsion. Die Fabrikation der Asphaltemulsionen erfolgt durch intensives Vermischen des Asphaltes mit der Emulgierungsflüssigkeit in Rührbottichen oder Verteilungsmaschinen (Kolloidmühlen, Schlagkreuzmühlen, Turbomischern) unter Beigabe des Emulgators.

Anforderung an die Emulsion. Von einer guten Emulsion ist zu fordern, daß sie eine längere Zeit lagerbeständig ist und auch auf dem Transport von der Fabrik zur Baustelle sich nicht zersetzt. Man bezeichnet den Zerfall der Emulsion auch als Brechen oder Koagulieren. Nach dem Aufbringen auf die Straßenoberfläche oder beim Vermischen mit Gesteinsmaterial soll jedoch die Emulsion alsbald zur Ausflockung kommen.

Die Ansprüche an den Grad der Brechbarkeit sind verschieden zu stellen je nach dem Zweck, den die Emulsion im bestimmten Falle erfüllen soll. Für Tränkausführungen ist es erwünscht, daß das Brechen etwas langsam vor sich geht, damit die Emulsion Zeit hat, auch in die unteren Lagen der Schotterschicht hineinzudringen. Für Oberflächenausführungen sind jedoch schneller brechende vorzuziehen. Schnellerer oder langsamerer Zerfall der Emulsion hängt von dem Grade der feinen Verteilung des Asphaltes in der Emulsionslösung ab. Je feiner die Asphaltkügelchen in der Emulsion sind, destoweniger neigt diese zum vorzeitigen Zerfall. Das Brechen einer Emulsion wird durch zwei Umstände hervorgerufen bzw. begünstigt. Einmal durch Berührung mit der großen Oberfläche des Gesteinsmaterials, dann durch den Wasserverlust infolge Verdunstung und Versickerung.

Vor einer Verwendung von Emulsionen im Frostwetter muß gewarnt werden. Ungeschützt gelagerte Fässer entemulgieren fast stets. Ratsam ist auch, geliefertes Material möglichst bald zu verwenden, da jede Emulsion zum Zerfall neigt.

Geringe Niederschläge im Faß sind nicht zu vermeiden. Sie können durch Hin- und Herrollen der Fässer wieder in gebrauchsfähige Form zurückgeführt werden. Erst wenn sich der Rückstand nicht mehr aufschwemmen läßt, ist eine bedenkliche Entemulgierung eingetreten, die unter Umständen den Erfolg bei der Ausführung beeinträchtigt und jedenfalls zu beträchtlichen Verlusten an brauchbarem Asphalt führt. Denn alles, was im Faß an Asphalt zurückbleibt, geht dem Verwendungszweck verloren.

Handelsmarken. Es ist nicht möglich, die im Handel vorkommenden Emulsionen hier alle aufzuführen. Es sind viele darunter, die nur eine gewisse örtliche Bedeutung gewonnen haben. Von den meist verwandten seien hier einige genannt:

Colas, Bitumuls, Kolzuma, Kowabit, Euphalt, Bimoid, Kaltas, Goudalit usw. Ein Urteil über die Bewährung dieser Emulsionen soll mit dieser Aufzählung jedoch nicht ausgesprochen sein.

Verwendung. Emulsionen können für Oberflächenbehandlungen, Tränkungen der Straße und auch für Herstellung von Gesteins-Emulsionsgemischen verwandt werden.

Oberflächenbehandlung. Für das Gelingen eines Oberflächenbezuges mit Emulsion ist es wie bei den Heißausführungen erforderlich, daß die Straße gründlich gereinigt wird und das Steingerüst offen liegt. Etwa vorhandene Schlaglöcher sind als erstes zu beseitigen. Das Aufbringen der Emulsion erfolgt durch Auftragen aus Gießkannen oder aus Sprengwagen, die mit oder ohne Druck betrieben werden. Im Durchschnitt benötigt der Quadratmeter erstmalig behandelter Schotterstraßen etwa $2—2^1/_2$ kg Emulsion. Es wäre ein Trugschluß, annehmen zu wollen, man müsse nur die gleiche Kilogramm-Menge Emulsion verwenden, die man sonst an reinem Teer oder reinem Asphalt gebraucht. Es würde dann der Straße nur die Hälfte an Bitumen, dem Bestandteil, der allein ausgenutzt wird, zugeführt, während die andere Hälfte als Wasser wirkunglos weggeht. Für alles übrige hinsichtlich der Art der Ausführung gelten die bereits bei der Teeroberflächenbehandlung besprochenen Grundsätze.

Tränkausführung. Die gewöhnliche Methode der Herstellung von Emulsions-Tränkdecken besteht darin, zuerst auf die Straßenunterlage eine Schicht von ungefähr $1^1/_4$ cm Grobsand oder sauberem Brechsand aufzubringen und dann den Schotter aufzulegen, der nach Walzung und Einschlemmung eine etwa 7—8 cm starke Schicht bilden muß. Bei der Methode der Halbtränkung wird die Walzung der Schotterlage solange durchgeführt, bis der Sand von unten her sich auf etwa $1^1/_2—2$ cm an die Oberfläche emporgedrückt hat. Es wird dann noch so viel feinerer Splitt aufgebracht, daß die Zwischenräume an der Oberfläche der Schotterschicht vollgefüllt sind. Bei der Volltränkung läßt man das Sandbett weg, um ein tieferes Eindringen der Emulsion zu erreichen, was natürlich zu einem erheblich größeren Verbrauch an Emulsion führt. Für Volltränkungen rechnet man für den Quadratmeter $6^1/_2—7^1/_2$ kg, bei Halbtränkungen etwa $3^1/_2—4$ kg.

Nach der Tränkung wird die Oberfläche der Straße mit einem Splitt der Körnung 5—15 mm abgestreut und die Decke nochmals gewalzt. Die Weiterbehandlung der Straße, die auch als die beste anzusehen ist, besteht darin, dem Verkehr die Decke etwa 1 Woche lang zu überlassen und dann erneut einen abschließenden Überzug aufzubringen, wobei unter nochmaliger Absplittung etwa 1,2 kg Emulsion auf den Quadratmeter gegeben werden.

Für ein gutes Gelingen bei den Arbeiten mit Emulsionen ist es nötig, sauberes Steinmaterial zu verwenden. Als beste Kornzusammensetzung gilt ein gemischter Schotter von 18—60 mm. Die Steine müssen so gut untereinander vermischt sein, daß eine dichte Zusammenlagerung möglich ist. Weiterhin müssen die Steine so festgewalzt werden, daß keinerlei Verschiebung mehr möglich ist, bevor mit der Tränkung begonnen wird.

Auch im Mischverfahren sind Asphaltemulsionen zur Anwendung gekommen. Man hat versucht, einen Beton ähnlicher Zusammensetzung wie den Asphalt- oder Teerbeton herzustellen. Bis heute ist man jedoch über Versuche noch nicht hinausgekommen. Man hat auch nicht erreicht, die beim Asphaltbeton bewährten Grundsätze des Hohlraumminimums mit Erfolg zur Anwendung zu bringen und dabei den Emulgator zu beseitigen. Die Anwendung der Emulsion für dieses Verfahren wird unseres Erachtens infolge der durch den Preis der Emulsionen bedingten größeren Herstellungskosten gegenüber dem Warmmischverfahren zurückstehen müssen.

Beurteilung. Emulsionen sind in Deutschland seit 1925 zur Anwendung gekommen. Bei den ersten Ausführungen sind infolge mangelnder Sachkenntnis, oft auch wegen Veränderungen und Zersetzungen des Materials Fehlschläge zu verzeichnen gewesen. Oft hat eine Emulsion, die in der einen Gegend mit Erfolg verwandt worden ist, in einer anderen infolge andersartiger Witterungs- und Straßenverhältnisse versagt. Der Zustand der Straße, die Art des Straßenunterbaues, Größe und Stärke des Verkehrs haben ihre Einwirkung gezeigt. Die Hersteller von Emulsionen behaupten, daß diese auch bei nassem Wetter unbedenklich anwendbar seien. Dieser Anspruch findet eine Einschränkung darin, daß bei Emulsionsbehandlungen die Straße zwar feucht sein darf, daß aber trockenes Wetter nach der Aufbringung ebenso nötig ist wie bei den Heißausführungen v o r der Aufbringung. Dieses trifft besonders dann zu, wenn bei der Herstellung der Emulsion reichlich viel Emulgator verwandt worden ist. Dieser bleibt besonders bei feuchter Straßendecke nach dem Einbau noch einige Zeit wirksam. Er schafft dadurch die Möglichkeit, daß die beim Zerfall der Emulsion sich abspielenden Vorgänge in umgekehrter Reihenfolge wieder auftreten können, also daß eine Rückemulgierung eintritt. Tritt dazu noch Regen, so wird die ganze Lösung und damit auch das für die Straße wertvolle Bitumen fortgespült. Die Decke wird dadurch bitumenärmer. Ein weiterer berechtigter Einwand gegen die Emulsionen liegt in ihrem hohen Preis. Man bezahlt und transportiert mit ihnen immer etwa 50% Wasser, die als Bindemittel auf der Straße unwirksam sind. Trotzdem haben die Emulsionen in Deutschland Verbreitung gefunden, weil das ausgedehnte deutsche Schotterstraßennetz dazu zwang, zunächst billige Methoden anzuwenden, mit deren Hilfe der schnellen Zerstörung der Schotterdecke vorgebeugt werden konnte.

XV. Bituminöse Oberflächenbehandlung.

Allgemeines. Es gibt eine ganze Anzahl von Methoden für Oberflächenbehandlung bei Steinschlagwegen oder ähnlichen Arten von Straßen. In einzelnen Fällen hat man damit hauptsächlich Staubbekämpfung im Auge, in vielen Fällen handelt es sich aber um Unterhaltungsmaßregeln: eine Notmaßregel sozusagen, um eine Straßendecke vor allzu schnellem Untergang zu bewahren.

Man kann sagen, daß ein gewöhnlicher Steinschlagweg durch eine Behandlung mit Teer oder Bitumen dauerhafter und geeigneter für Schnellverkehr wird. Durch eine Oberflächenbehandlung sorgt man, falls sie glückt, in vielen Fällen auf billige Weise für Unterhaltung des Weges. Mißglückt sie, dann bedeutet sie verlorene Mühe und Geldverschwendung.

Man kann durch Erfahrung klug werden, aber auch Sachkenntnis kann uns gegen Fehlschläge schützen. Darum ist es für den Sachverständigen auch ziemlich leicht, von vornherein zu sagen, ob eine Oberflächenbehandlung gelingen wird oder nicht. In dieser Beziehung muß berücksichtigt werden, daß nicht allein die Frequenz des Verkehrs, sondern auch die Lage des Weges, sein Zustand, die Umgebung und Qualität der Straßendecke auf das Gelingen einer bituminösen Behandlung der Oberfläche von großem Einfluß sind.

Was zunächst den ersten Punkt betrifft, kann man annehmen, daß ein gemischter Verkehr von 1000 t per Tag das Ergebnis einer Oberflächenbehandlung zweifelhaft macht.

Das Teeren von Wegen. Die älteste und meistbekannte bituminöse Behandlung ist die mit Teer. Dieses Material kann warm auf den Weg aufgestrichen oder gesprengt werden und liefert dann ein gutes Bindemittel für die Oberfläche der Straßendecke. Der Teer dringt einige Millimeter, manchmal auch Zentimeter, in die Decklage ein und bildet mit dem Abdeckungsmaterial eine weiche, staubbindende Decke.

Nun ist Teer in vielen Fällen nicht beständig genug; das Material ist ziemlich empfindlich gegen Witterungseinflüsse und verändert sich an der Luft und leidet damit an seiner Haltbarkeit.

Für Straßen mit überwiegend leichtem Verkehr und günstiger Lage ist Teerbehandlung häufig die richtige Wahl. Die Decke wird dadurch instand gehalten, und der Oberflächenverschleiß beschränkt sich auf die Teerlage.

Für die Behandlung von Straßen dürften eigentlich nur speziell durchbehandelte Teere, und zwar die sog. destillierten und präparierten Kokerei- und Gasanstaltsteere verwandt werden.

Es sollten nur Straßen geteert werden, die noch nicht durch den Verkehr zerfahren sind, bei denen die Schotterschicht gut erhalten ist und die Steine in der Oberfläche liegen. Bevor mit der Teerung begonnen wird, muß die Straßenoberfläche sorgfältig von Feinmaterial und Schmutz gesäubert werden, damit der aufzubringende Teer direkt in die Schotterschicht eindringt und das Gestein fest miteinander verklebt. Die Aufbringung der Teerlage darf prinzipiell nur erfolgen, wenn die Schotterdecke trocken ist. Die normale Höchsttemperatur, mit der Teer auf die Straße zu sprengen ist, liegt bei 120° C. Für erstmalige Oberflächenteerungen sind auf guten Straßen bis zu 2, auf Straßen mit rauher Oberfläche oft auch bis zu 2,5 kg Teer erforderlich. Bei Doppelteerungen benötigt man für den zweiten Überzug ca. 1—1,2 kg. Die Teerungen sind mit gutem Hartgesteinsgrus abzustreuen. Man nimmt bei ersten Teerungen gern gröberes Material von der Körnung 5—20 mm, bei Nachbehandlungen feineres Material von der Körnung 5—15 mm oder 3 bis 8 mm. Der Verbrauch an Steingrus pro Quadratmeter liegt zwischen 12 und 18 kg.

Das Spramexen von Wegen. Für eine Behandlung mit Petroleumbitumen nimmt man hierzulande allgemein Spramex. Er ist zäher als Teer und hat dauerhaftere Eigenschaften. Wärme und Kälte haben nicht soviel Einfluß auf ihn und ebensowenig die Feuchtigkeit. Spramex läßt sich aber schwieriger verarbeiten. Bei starker Sommerhitze ist es ziemlich einfach, bei einigermaßen kühlem Wetter verlangt er viel Brennstoff und flotte Ausführung. Weil er beträchtlich steifer als Teer ist — er gehört zu den halbfesten Bitumensorten —, verlangt er eine viel größere Erhitzung. Die Temperatur des Materials muß auf ungefähr 180° C gebracht werden, wodurch der Grad von Dünnflüssigkeit zu erreichen ist, der nötig ist, um das Material dünn verteilen zu können. Denn Spramex muß vor allem dünn verarbeitet werden. Auf rauhen Steinschlagwegen wird man ein Maximum von $2^1/_2$ kg per Quadratmeter anwenden müssen, während man mit 1 kg per Quadratmeter auf schon früher behandelten Straßen auskommen kann.

Für eine erste Behandlung ist Spramex jedoch weniger geeignet. Er läßt sich auf einem staubigen oder feuchten Weg nicht ausstreichen. Er rollt dann zusammen und heftet sich nicht an den Steinschlag.

Man tut daher besser, als Regel gelten zu lassen, den Weg fürs erstemal mit Teer zu behandeln. Nachdem man auf diese Weise ein bituminöses Bindemittel auf die Decke gebracht hat, kann eine erneute

Abb. 9. Spramexen der fertigen Steinschlagasphaltdecke. Arbeiten der Westdeutschen Wegebaugesellschaft Düsseldorf bei Linz a. Rhein.

Kerkhof-Ilse, Asphaltstraßen, 3. Aufl.

Behandlung mit Spramex sehr leicht und auch ökonomisch vorgenommen werden. Statt Teer kann man für diesen Zweck auch eine Asphaltemulsion anwenden. Um Betonwege mit Erfolg mit Spramex behandeln zu können, muß man die Oberfläche abfegen und die sogenannte Betonmilch abwaschen, damit der Spramex eine gute Haftmöglichkeit erhält. Vor einer Spramexbehandlung muß die Decke vollkommen trocken sein. Danach wird das erwärmte Bitumen aufgegossen und mit Gummistreichern flach gestrichen, um Anhäufungen von Bitumen oder magere Stellen zu verhüten.

Unmittelbar nach dieser Bituminierung muß der Weg mit feinem Split oder Kiessand in 7—10 mm Dicke bestreut werden, und wenn eine Dampfwalze zur Verfügung steht, ist es, namentlich bei geringem Verkehr, sehr nützlich, dieses Steinmaterial leicht einzuwalzen, indem man einmal mit der Walze darüberrollt.

Überflüssiges Material wird innerhalb einiger Tage sich loslösen und nach den Seiten der Straße abrollen. Man tut dann gut, es nach der Mitte zu fegen, damit bei warmem Wetter und starkem Verkehr wiederum ein größerer Prozentsatz davon von der Spramexlage aufgenommen wird.

Auf diese Weise erhält man eine Lage von einigen Millimetern Dicke, die aus feinem Steingrus mit Bitumen besteht. Diese Abdeckung kann man als eine starke, zähe und fest zusammenhängende Verschleißlage ansehen. Ist sie verbraucht, muß sie erneuert werden. Bei starkem Verkehr ist dies jedes Jahr der Fall, bei weniger schwerem oder intensivem Verkehr kann die Abnutzungslage 2 oder 3 Jahre halten. Für die Aufbringung von Teer und Asphalt als Oberflächenbezüge dienen fahrbare Sprengwagen, die teils mit Druck, teils ohne Druck den Asphalt oder Teer auf den Weg bringen. Die Aufbringung von Hand hat aber den Vorzug, sich der Art der Steindecke, die je nach ihrer Dichtigkeit mehr oder weniger Teer oder Spramex benötigt, jeweils anpassen zu können.

Asphaltöle. In Amerika sind in macnhen Fällen für Oberflächenbehandlungen auch in der Kälte dünnflüssige Asphaltöle mit gutem Erfolg zur Verwendung gekommen.

Sie werden hergestellt aus den Standardasphalttypen durch Vermischen mit einem leichtflüchtigen Petroleumöl, z. B. mit Gasolin oder Rohnaphtha.

Man kann sie mit Erfolg bei gewöhnlicher Temperatur verwenden nicht nur für Oberflächenbehandlungen, sondern auch zur Herstellung von Asphaltmineralgemischen, die sich in der Kälte verarbeiten lassen.

Infolge ihrer Dünnflüssigkeit sind sie besonders geeignet für erstmalige Oberflächenbehandlungen. Sie durchtränken leicht die Schotterschicht. Auf der Straße liegend, entweichen dann die leichten Öle schnell, den harten zähen Standardasphalt zurücklassend.

Ein Asphaltmaterial, das für diese Verwendung geeignet ist, muß etwa folgende Zusammensetzung haben:

Spezifische Viskosität nach Engler: Ausfluß der ersten 50 ccm aus der Düse des Engler-Apparates bei 50° C, 30—70 Sekunden.

Destillate in Raumprozent:

$$0—190° C \text{ nicht weniger als } \ldots \ldots 10\%$$
$$0—225° C \quad „ \qquad „ \qquad „ \ldots \ldots 15\%$$
$$0—360° C \quad „ \quad \text{mehr als} \ldots \ldots 35\%$$

Eigenschaften des Destillationsrückstandes (über 360° C):

Penetration bei 25° C, 100 g, 5 Sekunden . . . . 50—150
Duktilität nicht weniger als . . . . 30 cm
Prozente löslich in Schwefelkohlenstoff nicht weniger als . . . 99,5

Es läßt sich nicht leugnen, daß diese Kaltgemische für manche Arbeiten gute Dienste tun. Ihr Preis ist jedoch durch die teuren Petroleumöle sehr hoch, weshalb sie auch in Europa nur geringe Anwendung gefunden haben.

Abdeckungsmaterial. In bezug auf die Art des Abdeckungsmaterials für Oberflächenarbeiten bestehen noch verschiedene Auffassungen. Einige Sachverständige sind der Ansicht, daß Grobsand die gleichen Dienste tut wie Steingrus. Andere wieder geben dem Steingrus den Vorzug und wählen dafür eine weiche Steinsorte wie Porphyr oder sogar Sandstein. Schließlich ist eine Strömung bemerkbar, die harten Steingrus bevorzugt, und zwar aus dem Grunde, weil hiervon wenig zermahlen, wohl aber viel zerbrochen wird, und weil die scharfkantigen Stückchen in den ersten warmen Tagen von der Bitumenlage aufgenommen werden. Die Freunde der harten Gesteinsorten erklären weiter, daß die Bitumenlage aus hartem Gestein dem Verkehr mehr Widerstand bietet als das weichere Material unter gleichen Verhältnissen. Versuche, die in dieser Beziehung in Süd-Limburg ausgeführt worden sind, fielen zugunsten des harten Materials aus.

Diejenigen, welche weiches Material vorziehen, erklären dies auf Grund der Theorie, daß sich durch das Zermahlen der Steinstückchen eine Art Sandasphaltlage auf der Decke bildet. Hiergegen muß man jedoch sagen, daß ein großer Teil des zermahlenen Materials durch den Wind und den Schnellverkehr weggeführt wird, was bei harten Gesteinsorten nicht der Fall ist.

XVI. Die Unterhaltung von Asphaltwegen.

Über Stampfasphalt. Die Unterhaltung von Stampfasphalt beschränkt sich auf die Beseitigung von Abbröckelungen, die mit der Zeit an dünnen Stellen oder auch durch Risse in der Betonunterlage entstehen können. Denn es ist eine Tatsache, daß Stampfasphalt, der einige Jahre liegt, eine derartige Dichtigkeit und Härte bekommt, daß jeder Riß, der im Beton entsteht, auch in der Asphaltlage zum Vorschein kommt.

Ein derartiger Riß hat meist unregelmäßige Formen und ist gewöhnlich mit einer örtlichen Abbröckelung der Decklage verbunden. Dergleichen Stellen muß man aushacken und in der vollen Stärke beseitigen, worauf sie dann mit Streichasphalt oder auch mit dem gleichen Stampfasphaltpulver wiederhergestellt werden können.

Im übrigen hat man bei Stampfasphalt keine besondere Unterhaltung nötig. Man kann ihn verwenden bis zur vollständigen Abnutzung, was jedoch nur bis auf eine 1 cm dicke Restschicht möglich sein wird. Dann kommt bald die Zeit, wo die Reparaturen zu groß werden und gänzliche Erneuerung der Decklage nötig ist. Der Stampfasphalt läßt sich recht bequem von der Betonunterlage entfernen, er klebt nicht fest an ihr. Der ausgebrochene Asphalt kann beim Einschmelzen des Streichasphalts wieder gebraucht werden.

Plattenasphalt. Diese Methode verlangt ebenfalls keine besondere Unterhaltung. Hierbei kann aber der Fall eintreten, daß nach kurzer Zeit einzelne Platten, die Fehler in der Zusammensetzung und ungenügende Dichtigkeit haben, abbröckeln. Derartige Platten kann man auf ganz einfache Weise aushacken und durch neue ersetzen. Man muß dabei aber Rücksicht auf die Stärke nehmen und bei großer Abnutzung der Asphaltdecke Platten von geringerer Dicke für die Ausbesserung einsetzen.

Bei den Asphaltblocks, die von größerer Stärke als die Platten sind, ist das Ausbessern nicht so einfach wie bei den Stampfasphaltplatten, die ziemlich leicht unter dem Brecheisen springen. Blocks sind durch ihren Gehalt an Stein weniger geneigt zum Springen und darum weniger bequem aufzuräumen. Wenn der Zeitpunkt eintritt, daß die Blocks an den Nähten abbröckeln und die Unebenheiten zu groß befunden werden, so wird man dann überlegen müssen: Erneuerung oder eine Sandasphaltdecke darüberzulegen und zu walzen oder sie weiter mit Spramex zu unterhalten, was naturgemäß nicht schön ist.

Guß- oder Streichasphalt. Auch diese Pflasterung hat keine andere Wartung nötig als die Erneuerung von frühzeitig abgenutzten Stellen und evtl. das Erneuern der Decklage, sobald sie bis auf eine ganz geringe Dicke abgenutzt ist.

Sandasphalt ist ebenso wie alle dichten Asphaltpflaster vollkommen frei von Unterhaltung. Wohl kann sich beim Gebrauch einer Betonunterbettung der Fall ereignen, daß ein Riß im Beton sich im Asphaltpflaster fortsetzt. Solange der Riß den Verkehr nicht hindert, braucht man nichts daran zu tun, verbreitert sich die beschädigte Oberfläche, wird man einen Streifen beseitigen müssen und ihn mit der gleichen Mischung wie ursprünglich ausfüllen und dann stampfen oder walzen.

Das gleiche kann man tun, wenn sich nach einiger Zeit Löcher bilden oder wenn durch äußere Ursachen oder auch infolge Aufreißens der Pflasterung neue Stücke eingesetzt werden müssen. Man muß aber hierbei stets daran denken, die Ränder mit flüssigem Bitumen zu bestreichen, um eine möglichst feste Verbindung der Platten untereinander herzustellen. Von der Mischung kann man bei der Anlage des Weges plattenförmige Stücke reservieren, die für die Ausbesserungsarbeiten angewärmt werden können. Hierbei muß man dafür sorgen, daß die Stücke nicht verbrennen oder sich in ihrer Mischung verändern.

Steinschlagasphalt. Der dichte Asphaltbeton ist, was die Unterhaltung betrifft, dem Sandasphalt gleichzustellen.

Der offene Asphaltbeton verlangt Instandhaltung der Abdichtungslage, die zugleich Verschleißlage ist. Durch Unterhaltung dieser Verschleißlage hält man auch die Decklage in ihrer vollen Stärke instand und diese wird, was die Widerstandskraft angeht, nicht nennenswert abnehmen.

Die Instandhaltung der Verschleißlage wird man nach Bedarf in jedem Falle besonders regeln müssen. Im allgemeinen wird der mittlere Streifen des Weges sich mehr abnutzen als die Ränder, so daß die Mitte mehr Nachbehandlung erfordern wird. Einmal im Jahr wird eine Besprengung mit warmem Bitumen nur bei sehr starkem und schwerem Verkehr nötig sein. Es werden sich aber viele Fälle ergeben, bei denen alle 2 oder 3 Jahre, und dann noch nicht einmal über die volle Breite der Straße, eine neue Behandlung notwendig sein wird.

Die ältesten Erfahrungen in Deutschland sind auf den Straßen bei Linz und Düsseldorf (Haus Meer) gemacht. Dort liegen die ältesten Steinschlagasphaltdecken 3 Jahre und haben bis heute in Linz eine einzige und in Haus Meer noch gar keine Nachbehandlung erforderlich

Abb. 10. Oberflächenbehandlung mit Spramex.

Kerkhof-Ilse, Asphaltstraßen, 3. Aufl.

gemacht. Diese Straßen liegen unter stärkstem Verkehr. Das Versuchsstück in Steinschlagasphalt auf der Braunschweiger Versuchsbahn erforderte nach dem ersten vorliegenden Abschluß der Versuche RM. 0,08 pro Quadratmeter und Jahr Unterhaltungskosten.

Asphaltmakadam wird genau dieselbe Unterhaltung verlangen wie offener Steinschlagasphalt. Möglich ist aber, daß bei diesem schneller Unebenheiten auftreten. In der Sommerzeit wird man diese mit Hilfe von bituminösem Split und einer Dampfwalze in der Hauptsache beseitigen können. Nach Einwalzung von etwas Splitt, wobei man sparsam zu Werke gehen und gut das Richtscheit gebrauchen muß, um zu verhindern, daß man an Stelle eines Loches einen Buckel macht, sind die ausgefüllten Stellen mit etwas Bitumen und einigem Sand abzudecken. Danach kann die ganze Oberfläche mit Bitumen behandelt werden.

Bei großen Unebenheiten tut man besser, ein Loch über die volle oder halbe Stärke aufzuhacken, hier hinein neuen Steinschlag zu legen und mit Bitumen anzugießen, genau auf dieselbe Weise, wie die ursprüngliche Decklage gelegt worden ist.

XVII. Prüfung und Zusammenstellung der bituminösen Materialien.

Allgemeines. Prüfung und Wahl der bituminösen Stoffe, in engerem Sinne Bitumen und Teer, ist eine Arbeit, die hauptsächlich im Laboratorium ausgeführt werden muß. Und da nicht jedermann über ein solches verfügt, wird zur Durchführung von gewissen Prüfungen nichts anderes übrigbleiben, als ein Muster nach einer Prüfungsstelle zu schicken.

Für einige einfache Untersuchungen sind wenig Instrumente und auch nur oberflächliche Spezialkenntnisse nötig. Da es jedoch erwünscht ist, gewisse Kenntnisse der Anforderungen zu besitzen, die an diese Materialien gestellt werden müssen, so sollen nachstehend die Hauptmerkmale in kurzen Zügen besprochen werden.

Ebenso wichtig wie Kenntnis der Merkmale ist die Kenntnis der Zusammensetzung der verschiedenen Stoffe. Besonders bei den Asphaltsorten wie Trinidad, Mexfalt, Val de Travers usw. ist dies von Bedeutung, weil sie zwar gleicher Stoffklasse sind, aber doch sehr verschieden nach Art und Zusammensetzung sein können.

Die Ausführungen über diese Stoffe sind in dem Buch „Wegenbouw" wegen der neueingeführten Benennungen und infolge der großen Fortschritte der Technik auf diesem Gebiet nicht mehr erschöpfend für die Asphaltsorten. Nachstehend habe ich mich auf die Besprechung der gebräuchlichsten Sorten beschränkt, wie sie in Holland und Deutschland bereits Verwendung gefunden haben oder ernstlich dafür in Frage kommen.

Trinidadasphalt. Trinidadasphalt ist ein Naturprodukt, welches aus dem Asphaltsee von Trinidad gewonnen wird, in dem eine natürliche Quelle ist, die jährlich Tausende von Tonnen liefert und fürs erste nicht im geringsten erschöpft zu werden scheint. Auf diesem Naturprodukt, das länger bekannt ist als die Petroleumasphalte, hat sich die ganze Asphaltpflastertechnik aufgebaut und man kann annehmen, daß die Pflasterungen mit diesem Bitumenstoff noch immer im Vordergrund stehen.

Der Trinidadasphalt wird mit Spitzhacken aus dem Boden des ausgetrockneten Meeres ausgehackt und enthält dann nur einen geringen

Prozentsatz an Bitumen. Die Untersuchung ergab folgende Bestandteile:

Flüchtige Teile bei 100° C . . . . 29 %
Bitumen, löslich in CS_2 . . . . 39 %
Mineralische Bestandteile (Asche) 27,5%
Unlösliche organische Bestandteile 4,5%
                                                      100 %

Der rohe Asphalt wird nach der Gewinnung sofort in Raffinerien, die in der Nähe liegen, überführt und dort gereinigt. Eine Analyse des in den Handel gebrachten, raffinierten Asphalts oder des sog. Trinidad-épuré ergab folgende Zusammensetzung:

Bitumen, löslich in CS_2 . . . . 56,5%
Mineralische Bestandteile (Asche) 38,5%
Unlösliche organische Bestandteile . . . . . 5 %
                                                      100 %

Man ersieht daraus, daß Trinidad-épuré noch einen beträchtlichen Prozentsatz an mineralischen Stoffen enthält. Diese kommen in äußerst feiner, sog. kolloidaler Verteilung im Asphalt vor. Diese Eigenschaft unterscheidet ihn von allen anderen Asphalten, und sie verleiht ihm nach der Meinung vieler eine ganz besondere Stellung in der Asphalttechnik.

Wir kennen den Trinidadasphalt nur in raffiniertem Zustand. Er hat dann ein spez. Gewicht von 1,40, einen Schmelzpunkt von 85° C und einen Tropfpunkt von 112° C, während die Penetration bei 25° C nur 2—4 beträgt.

Der Trinidad-épuré ist so, wie er anfällt, ungeeignet für Asphaltpflaster. Er muß hierzu weicher (man kann auch sagen flüssiger) gemacht werden. Das gebräuchlichste Mittel dazu ist ein Zusatz von Petroleumbitumen, von dem bis zu 25 % dem Trinidad hinzugefügt werden. Die erforderliche Penetration des zugefügten Bitumen wird durch die gewünschte Penetration der Mischung bestimmt. Das Bitumen wird dem Trinidad im Schmelzkessel hinzugefügt, nachdem der Trinidad-épuré vorerst auf eine Temperatur von 175° C gebracht worden ist. Durch intensive Vermischung erhält man dann eine homogene Mischung. Die Prüfung des Trinidad-épuré ist ausschließlich Laboratoriumsarbeit. Im Aussehen ist er für den Laien an dem matten Glanz der Bruchflächen erkennbar; für Bestimmung des Bitumengehaltes, des Schmelzpunktes und der Penetration ist aber ein Laboratorium nötig. Die Normen für diese Untersuchungen sind obenstehend aufgeführt.

Stampfasphaltpulver. Im Kapitel VI über Stampfasphalt ist auf S. 28 schon über die Herkunft und den Bitumengehalt des gemahlenen Asphaltsteins gesprochen.

6*

Wir kennen bei uns ausschließlich den europäischen Asphaltkalkstein, der in rohen Stücken oder auch wohl in gemahlenem Zustand geliefert wird. Die Güte der verschiedenen Sorten gibt wenig Veranlassung zu kritischen Betrachtungen. Sie sind, falls nicht gefälscht, und wenn man die Herkunft genau weiß, alle gut. Aus nachstehender Tabelle von Dietrich geht hervor, daß eine Sorte etwas mehr Bitumen oder etwas weniger Kalk enthält als die andere. Diese Verschiedenheit macht es in bestimmten Fällen notwendig, zwei Sorten mischen zu müssen, z. B. ein fettes und ein mageres Pulver, um den bestimmten und erwünschten Bitumengehalt zu erhalten.

Tabelle 19. Zusammensetzung europäischer Asphaltkalksteine.

Bestandteile	Val de Travers	Seyssel Pyimont	Lobsann	Ragusa	Limmer	Vorwohle
Bitumen	10,15	8,15	12,32	8,92	14,30	8,50
Kohlensaurer Kalk	88,40	91,30	71,43	88,21	67,00	80,04
Lehm und Eisen- oxyde	0,25	0,15	5,91	0,91		4,03
Schwefel	—	—	5,18	—		
Kohlensaure Magnesia . .	0,30	0,10	0,31	0,96	17,52	0,55
Sand	—	—	3,15	0,60		4,77
Andere in Säuren unlösl. Stoffe	0,45	0,10	—	—		
Verlust	0,45	0,20	1,70	0,40	1,18	2,11

Es ist nicht möglich, für Stampfasphaltpulver einen bestimmten Bitumengehalt als Qualitätsnorm vorzuschreiben. Er ist abhängig von der Feinheit der mineralischen Bestandteile wie auch von der Zusammensetzung des Gesteins selbst. Wohl kann man annehmen, daß der Bitumengehalt zwischen 8 und 11% des Gewichtes liegen muß. In Paris läßt man einen Spielraum zwischen 7 und 13%, zu, während Rotterdam in seinen Vorschriften 10—14% nennt. Auch kann man vorschreiben, daß der Stein so fein gemahlen sein muß, daß auf einem Sieb mit 3-mm-Maschen nichts übrigbleibt.

Um sicher zu gehen, daß sich keine leichtflüchtigen Öle mehr im Pulver befinden, kann man als Probe dafür noch den Gewichtsverlust bei längerer Erhitzung feststellen. Als Regel kann man festhalten, daß der Gewichtsverlust höchstens 2% betragen darf, wenn man das vollkommen trockene Pulver während 5 Stunden einer Temperatur von 165° C aussetzt.

Asphaltmastix. Dieses Produkt wird hierzulande hergestellt, wird aber auch eingeführt. Er ist in der Form der bekannten Brote im Handel und besteht aus Asphaltpulver, das durch Goudron, eine künstliche

Bitumenmischung, angereichert ist. In der Regel hat der Asphaltmastix einen Bitumengehalt von 14—20%.

Seine Verwendung für Gußasphalt ist im Kapitel „Gußasphalt" beschrieben.

Will man ihn in eine Steinschlaglage eingießen, wird er nochmals eingeschmolzen und durch Beigabe von Petroleumbitumen noch etwas asphaltreicher und weicher gemacht. Der Bitumengehalt ist bei Asphaltmastix wohl der wichtigste Faktor. Man kann ihn nur im Laboratorium feststellen. Der Vorteil der Verwendung von Asphaltmastix besteht darin, daß man durch die fabrikmäßige Zubereitung eines ganz gleichbleibenden Bitumengehalts und einer ganz bestimmten Marke von Bitumen versichert sein kann. Im übrigen wird die Qualität des Asphaltmastix hauptsächlich durch die Sorte des verwendeten Asphaltkalksteins bestimmt. Ein guter Asphaltmastix darf keine anderen Bestandteile als Asphaltpulver und Goudron enthalten. Das Verhältnis beträgt etwa 100 : 20. Und da 100 kg Asphaltpulver mit 10% Bitumen 10 kg Bitumen enthalten und 20 kg Trinidadgoudron mit einem Bitumengehalt von ungefähr 65% 13 kg Bitumen enthalten, so kommt die Mischung von 120 kg auf ein Totalbitumenquantum von 23 kg, d. i. ungefähr 19%. Durch die Bearbeitung erleidet man einen geringen Verlust an Bitumen. Schmelzen und Mischen geschieht in großen Kesseln, in denen ein Rührwerk dauernd die geschmolzene Masse gut durchmischt.

Goudron. Früher wurde Goudron dadurch gewonnen, daß man ihn aus dem Asphaltkalkstein ausschmolz. Dieser Goudron war bekannt als Bergteer. Gegenwärtig kann er nicht mehr als ein Handelsprodukt angesehen werden. Bei der späteren fabrikmäßigen Zubereitung hat man den rohen oder gereinigten Trinidadasphalt als Grundlage genommen. Dieser erhält einen Zuschuß von ölhaltigem Bitumen, um ein weicheres Material zu bekommen, so daß ein Bitumengehalt von 65—70% erreicht wird. Die Wahl des Zuschusses an Bitumen ist von Bedeutung. In erster Linie muß der Goudron, der für die Zubereitung von Asphaltmastix verwendet werden soll, frei von Bestandteilen sein, die unter 250° C verflüchtigen. Zweitens muß der Bitumengehalt, die Penetration und das Reckvermögen (Duktilität) bestimmten Anforderungen entsprechen. Dem entspricht Paraffinöl und verschiedene Abfälle der Petroleumdestillationen wie auch der Goudron d'Autun, ein französisches Produkt.

Heute wird als Goudron vorwiegend nur noch ein Gemisch aus Trinidad- und Erdölasphalt genommen.

Erdölasphalt. Da in der Straßenbautechnik keine anderen unvermischten Bitumensorten verwandt werden als die bekannten Petroleumrückstände, so können wir uns auf diese beschränken. Ihre Verwendung hat großen Aufschwung genommen und sie haben ausgezeichnete Dienste geleistet. Sowohl als Bindemittel bei den verschiedensten Straßenbauarten (Shelfalt oder Mexfalt) wie als Staubbekämpfungsmittel bei Oberflächenbehandlung einer Straßendecke (Spramex).

Der Charakter dieser beiden Sorten ist genau der gleiche, beide sind Destillate desselben Grundstoffes: des rohen Erdöls. Dieses wird in rohem Zustand eingeführt und hierzulande destilliert. Die Art des Grundstoffes scheint von wesentlicher Bedeutung für die Qualität des Bitumen zu sein.

Gemeinsam ist bei allen im Handel vorkommenden Asphaltsorten die Geschichte ihrer Entstehung. Aus Petroleum sind sie im Laufe langer geologischer Perioden unter dem Einfluß von Hitze und Druck, meist in Gegenwart von Sauerstoff und Schwefel gebildet worden. Dabei sind kleine Moleküle des Erdöls zu größeren Molekülkomplexen zusammengetreten und haben die dunkelgefärbten, dick- und zähflüssigen Asphaltstoffe gebildet. Diese Umbildung hat manchmal zu festen Produkten geführt (Trinidadasphalt und Asphaltite), in anderen Fällen sind erst geringe Prozente an Asphaltstoffen in den Ölen gebildet worden und befinden sich in ihnen in Lösung (asphaltartige Erdöle).

In Amerika, wo man den Asphalt für Straßenzwecke schon jahrzehntelang verwendet, hat man bewährte Grundsätze für die Qualität aufgestellt, die nachstehend aufgeführt werden.

Tabelle 20. Amerikanische Penetrationsgrenzen.

Art der Pflasterung	Verkehr	Temperaturen (Wärmegrade)		
		niedrig	mäßig	hoch
Asphaltmakadam	leicht	120—150	90—120	80—90
	mäßig	90—120	90—120	80—90
	schwer	80—90	80—90	80—90
Asphaltbeton (Steinschlagasphalt)	leicht	60—70	60—70	50—60
	mäßig	60—70	60—70	50—60
	schwer	50—60	50—60	50—60
Sheetasphalt (Sandasphalt)	leicht	50—60	50—60	40—50
	mäßig	50—60	50—60	40—50
	schwer	40—50	40—50	30—40
Asphaltblocks	leicht	15—25	15—25	10—15
	mäßig	15—25	15—20	10—15
	schwer	15—20	10—15	5—10

Die Klasseneinteilung der verschiedenen Sorten geschieht nach dem Grad der Härte, also nach der Penetration. Die Penetrationsuntersuchung wird ausgeführt bei 25° C. Man läßt eine mit 100 g belastete spitze Stahlnadel (Normalnadel Nr. 2), die die Oberfläche des in einer Schale befindlichen Asphaltes berührt, 5 Sekunden lang in diesen hineindringen. Die Normalnadel hat einen Durchmesser von 1 mm. Als Penetrationsgrad gilt die Eindringungstiefe von $1/_{10}$ mm.

Nach den amerikanischen Angaben muß die Penetration des Bitumens für leichten Verkehr größer als für schweren Verkehr und für wärmere Gebiete niedriger als für kältere Gegenden sein.

Die in Holland und Deutschland gebräuchlichen Bitumensorten weichen in bezug auf Penetration von obenstehender Tabelle einigermaßen ab. Die Grenzen sind nachstehend angegeben unter Hinzufügung der Gewichtsprozente für Bitumen.

Tabelle 21. Penetrationsgrenzen und Bitumengehalt für Holland und Deutschland.

Art des Straßenbaus	Penetrations-grenzen	Bitumen-gehalt in Prozenten	Deutsche Normen Penetrations-grenzen	Schmelzpunkt nach Cr.-S.
Asphaltmakadam	60— 70	5— 6%	60—150	28—35° C
Asphaltbeton (offene Methode) . . .	50— 60	5— 7%	50—80	
„ (geschlossene Methode)	50— 60	9—11%	40—70	
„ (grobkörnig und dicht)	50— 60	7— 9%		
Sheetasphalt in Sand	45— 55	10—12%		
„ in Schlacken	55— 65	14—17%	30—60	40—50° C
„ in Sand und Schlacken	50— 60	11—14%		
Zwischenlage in Basalt	45— 55	4— 6%	50—80	
„ in Schlacken	60— 70	9—12%	ca.	
Oberflächenbehandlung	190—200	—	120—200	28—35° C

Bei der Beurteilung von Asphalten auf ihre Eignung für eine gewisse Bauausführung kommt weiterhin der Reinheitsgrad in Frage, der festgestellt wird durch Auflösung des Asphaltes in Schwefelkohlenstoff. Mexphalt wird mit 99,9% reinem Bitumen geliefert.

Über das praktische Verhalten auf der Straße gibt auch der Tropfpunkt genaue Auskunft. Es ist zu verlangen, daß der Tropfpunkt über den höchsten in der Asphaltdecke auftretenden Temperaturgraden liegt. Der Tropfpunkt charakterisiert den Dünnflüssigkeitsgrad, bei dem Asphalt aus einem kleinen Gefäß durch eine Öffnung von 3 mm Durchmesser absinkt, Tropfen bildet und abfließt. Die Fadenlänge des ersten abfließenden Tropfens erlaubt einen Rückschluß auf die Zähigkeitseigenschaften des Asphaltes. Die Fadenlänge darf nicht unter 18 cm sein.

Eine andere Probe für die Wertbestimmung des Bitumens findet man in der Untersuchung nach dem Schmelzpunkt oder dem Erweichungspunkt. Dieser ist für die verschiedenen Sorten auch verschieden hoch. Der Schmelzpunkt wird bestimmt durch die sog. Ring- und Kugelmethode. Hierzu wird ein flacher, kupferner Ring mit einem Durchmesser von $^3/_8$ Inch = 16 mm und einer Höhe von $^1/_4$ Inch = 6,4 mm mit geschmolzenem Material gefüllt; dieses wird in der Mitte belastet durch eine stählerne Kugel von $^5/_8$ Inch = 9,5 mm Durchmesser und einem Gewicht von 3,45—3,50 g. Der mit Asphalt ausgefüllte und mit der Kugel beschwerte Ring wird mit einem Standardthermometer in Wasser von 5° C gehängt. Danach wird die Temperatur des Wassers allmählich um ungefähr 2° C per Minute erhöht, bis die Kugel durch das erweichende Bitumen sinkt. Man nimmt nun den Temperaturpunkt als Schmelzpunkt an, bei dem die absinkende Bitumenmasse ein 25,4 mm tiefer liegendes Blech berührt.

In Deutschland ist es gebräuchlicher, den Schmelzpunkt nach der Methode von Krämer-Sarnow zu bestimmen. Der Schmelzpunkt nach Krämer-Sarnow ist der Temperaturpunkt, bei dem Asphalt von 5 mm Schichthöhe unter Belastung von 5 g Quecksilber aus einem Glasröhrchen von 6 mm lichter Weite abfließt. Die Probe wird so angewärmt, daß die Temperatur pro Minute um 1° C ansteigt. Der höchstzulässige Schmelzpunkt des Asphaltes liegt bei ca. 75° C. Asphalt mit höherem Schmelzpunkt wird bei den tiefsten vorkommenden Straßentemperaturen in unserem Klima spröde, verliert seine Elastizität und ermöglicht Rißbildung und stärkere Abnutzung des Belags. Ferner ist die Duktilität, die die Zähigkeit angibt, eine sehr wichtige Eigenschaft des Bitumens. Sie wird bestimmt durch Ausziehen zu einem Faden, der bei einer Temperatur von 25° C 90 cm lang werden muß. Man gebraucht zu dieser Prüfung den Duktilometerapparat von Dow & Smith.

Der Erstarrungspunkt stellt den Temperaturgrad fest, bei dem Asphalt hart und brüchig wird. Die Probe wird ausgeführt durch Ritzen einer dünnen Asphaltschicht, die auf einem Glasstab liegt, mit dem Fingernagel. Es ist zu verlangen, daß der Erstarrungspunkt niedriger liegt als die tiefsten Temperaturen, denen der Asphalt auf der Straße ausgesetzt ist. (Zu fordern — 10° C bis — 15° C oder noch niedriger, je nach dem Klima.)

Das spez. Gewicht des reinem Bitumens beträgt in der Regel bei 25° C 1,03—1,06. Falls Verunreinigungen vorhanden sind, findet man ein höheres spez. Gewicht. Zu fordern ist, daß es bei 20° C nicht unter 1,0 ist.

Der Entzündungspunkt von gutem Bitumen liegt nahe bei 275° C und wird festgestellt durch Erhitzung in einer offenen Schale.

Schließlich kann man Bitumen noch prüfen durch Feststellung des Gewichtsverlustes bei Erhitzung bis 163—193° C auf die Dauer von 5 Stunden. Der Verlust darf höchstens 3% betragen.

Die chemischen Untersuchungsmethoden des Asphaltes, Bestimmung des Paraffingehaltes, Nachweis von Verunreinigungen wie Teer, Gehalt an Schwefel, sind alle reichlich kompliziert, weshalb sich hier eine nähere Beschreibung erübrigt. Genauere Angaben findet man in den Vorschriften der Zentralstelle für Asphalt und Teerforschung und besonders in dem Buche von Markusson, „Die natürlichen und künstlichen Asphalte".

Über Teer. Es ist im vorstehenden schon des öfteren gesagt worden, daß man einen für Straßenbauzwecke geeigneten Teer nur bei der Destillation der Kohle in Gasanstalten oder Kokereien gewinnt. Der dort anfallende Rohteer wird für die Zwecke des Straßenbaues einem Veredlungsprozeß unterworfen. Entweder wird er nur erwärmt bis auf ca. 170—200° C, wobei ihm Wasser und die sog. Leichtöle entzogen werden, er heißt dann destillierter Teer; oder der Destillationsprozeß wird bis auf ca. 350° C Erwärmung durchgeführt und der dann bleibende Rückstand, das Pech (meist vom Schmelzpunkt 65—75° C), mit Ölen der schwerst flüchtigen Fraktion, den sog. Anthrazenölen, in gewünschtem Prozentsatz wieder vermischt (50 : 50, 60 : 40, 65 : 35 usw.). Diese Teere nennt man präparierte Teere.

Die allgemeinen Anforderungen an die Qualität der Teere sind in dem Artikel über Teerstraßenbau schon aufgezählt. Die in Frage kommenden Untersuchungsmethoden zur Begutachtung von Teeren sind eingehend beschrieben in den Veröffentlichungen der Studiengesellschaft für Automobilstraßenbau (Zentralstelle für Asphalt- und Teerforschung).

Gesteinsbeurteilung. Für die Verwendbarkeit eines Gesteins bei den aufgeführten verschiedenen bituminösen Belägen ist in erster Hinsicht seine Wetterbeständigkeit ausschlaggebend. Sie ist abhängig von der mineralogischen Zusammensetzung und der Gefügebeschaffenheit des Gesteins, dann vom Dichtigkeitsgrad und der Wasseraufnahmefähigkeit. Das Verhalten gegenüber mechanischer Beanspruchung wird durch die Zähigkeit und Druckfestigkeit bestimmt. Die folgende Tabelle orientiert kurz über einige Eigenschaften der bekanntesten Gesteine.

Tabelle 22.

Gesteinsart	Spez. Gew.	Druckfestigkeit kg pro qcm			Wasseraufnahme in Gew. %
		maximal	minimal	Durchschnitt	
Basalt	2,8—3,2	4440	1660	3050	0,4
Granit	2,5—3,0	2580	1100	1840	0,65
Porphyr	2,4—2,8	2580	1300	1500	0,75
Grauwacke	ca. 2,64	2250	800	1650	bis 8,0
Kalkstein	ca. 2,7	1820	240	1000	2,5
Sandstein	1,9—2,7	2060	360	750	6,0

Man ersieht aus diesen Zahlen, welch außerordentliche Unterschiede die Gesteine in bezug auf Witterungsbeständigkeit und mechanische Festigkeit besitzen. Weiterhin, wie verschieden gewisse Steinsorten, namentlich die weicheren Gesteine in ihrer Festigkeit und Wasseraufnahmefähigkeit sein können.

Aus all den Angaben ist als Schluß zu ziehen, daß bei starker direkter Beanspruchung die harten und zähen Steinsorten, insbesondere Basalt, den weicheren und spröderen überlegen sind.

Für die speziellen Zwecke des modernen Asphalt- und Teerstraßenbaues wird an Gestein Schotter, Splitt, Grus mit oder ohne Zumischung von Sanden und Steinmehlen verwandt. Es ist an das Steinmaterial die Anforderung zu stellen, daß möglichst nur gesundes unverwittertes Hartgestein von kubischer Form zur Verwendung kommt. Die Form des Gesteins, ob kubisch oder plattig, ist für das Verhalten des damit herzustellenden Gemisches von großem Einfluß. Kubisches Material läßt sich zu dichterer Zusammenlagerung bringen als plattiges. Es sind damit stabilere Gemische zu erzielen, die auch weniger Sandfüllstoffanteile und Asphalt verlangen. In der Straße eingebaut, zeigen sie auf Grund ihrer Form auch geringere Abnutzungsmöglichkeit als plattiges Material.

Über die Anforderungen, die an die Qualität der Sande und des Füllstoffs zu stellen sind, ist in dem Kapitel über Sandasphalt alles Erforderliche gesagt.

Beurteilung fertigverlegter Straßenstücke. Bei den bituminösen Gemischen, den Oberflächenausführungen, Tränkdecken, dem offenen Steinschlagasphalt, erstreckt sich die Untersuchung vorwiegend nur auf die Beurteilung der Qualität der Einzelstoffe. Es sind da die Gesteinsarten, die Körnungszusammensetzung, Art und Eigenschaften des bituminösen Bindemittels, Menge desselben usw. zu bestimmen.

Ein Urteil darüber, ob man bei Mischdecken, besonders den dichtgebauten Asphalt- und Teermischdecken den angestrebten Forderungen gerecht geworden ist, ist nur zu erlangen durch eine eingehende systematische Untersuchung. Die Forderungen, die an diese Beläge zu stellen sind, sind:

1. ein möglichst hohlraumarmes und passend abgestuftes Mineralgemisch,

2. hinreichend Asphalt, nicht zu wenig und nicht zu viel, um die Porenräume der dichtest gelagerten Mineralmasse auszufüllen,

3. solche Eigenschaften des Bindemittels, daß es in jeder Hinsicht bestgeeignet ist.

Ein Straßenstück aus einer hohlraumarmen Mischdecke wird nach dem folgenden Spezialuntersuchungsverfahren auf seine Qualität nachgeprüft. Es wird vom Straßenstück bestimmt:

1. das Raumgewicht,

2. die Wasseraufnahmefähigkeit bei dreistündiger Wasserlagerung im Vakuum,

3. Quellung nach längerer Wasserlagerung (bis zu 28 Tagen),

4. aus den Daten der Raumausfüllung durch Mineralmasse und der Raumausfüllung durch Bitumen die gesamte Raumausfüllung im Stück und die vorhandenen Porenräume.

Von der extrahierten Mineralmasse.

1. Die Gewichtsprozente derselben vom abgewogenen Straßenstück,

2. das Raumgewicht der Mineralmasse im Straßenstück,

3. das Raumgewicht der extrahierten Mineralmasse bei dichtestmöglicher Zusammenlagerung (festgestellt durch Rüttelversuch),

4. spez. Gewicht der extrahierten Mineralmasse,

5. Raumausfüllung im Stück durch die Mineralmasse in Raumprozent,

6. erreichbare Dichtigkeit der Mineralmasse in Raumprozenten und damit die Möglichkeit zur Nachkomprimierung derselben im Straßenstück auf Grund des Wertes vom Rüttelversuch.

Vom Bitumen.

1. Prozentsatz an Bitumen im Straßenstück,

2. spez. Gewicht des Bitumens,

3. Schmelz- und Tropfpunkt des Bitumens,

4. Raumausfüllung durch Bitumen im Straßenstück.

Diese Feststellungen genügen, um von einem Straßenstück zu wissen, ob es dem Verkehr und den klimatischen Beanspruchungen gegenüber sich dauerhaft erweisen wird oder nicht.

Zur Feststellung des Raumgewichtes eines Straßenstückes wird dieses trocken an der Luft und danach in Wasser gewogen. Der Gewichtsverlust im Wasser ist genau so groß wie das Gewicht der Wassermenge, die von dem Stück verdrängt wird. Da 1 ccm Wasser 1 g wiegt, ist das Gewicht der verdrängten Wassermenge gleich ihrem Volumen bzw. dem Volumen des Stückes zu setzen. Gewicht des Stückes geteilt durch die Zahl für sein Volumen ergibt das Raumgewicht.

Die Wasseraufnahmefähigkeit des Stückes wird dadurch bestimmt, daß man das Stück in einem Behälter unter Wasser legt, in welchem man ein Vakuum erzeugen kann. Das Vakuum muß für mindestens 3 Stunden erhalten bleiben. Die Gewichtsdifferenz des oberflächlich abgetrockneten Stückes gegenüber dem Gewicht des trockenen Stückes (vor der Wasserlagerung bestimmt) ist gleich der aufgesaugten Menge Wasser. Diese ist bei porösen Straßen meistens in Kubikzentimetern gleich dem Porenraum, der im Stücke noch vorhanden ist.

Die Quellung wird festgestellt durch nochmalige Raumgewichtsbestimmung nach 28 tägiger Wasserlagerung. Nehmen 100 g Straßenstück bei erstmaliger Raumgewichtsbestimmung ca. 40 ccm und bei der zweiten Feststellung nach der 28 tägigen Wasserlagerung 42 ccm ein, so ist eine Quellung von 2 ccm auf 40 ccm festzustellen. Quellungen von Straßenstücken beobachtet man in all den Fällen, in denen hygroskopische oder hydraulische Bestandteile (Füllstoff) in den Asphalt-

Mineralgemischen verwandt worden sind und ein restlicher Porenraum noch vorhanden war.

Der Anteil an mineralischen Bestandteilen im Stück wird durch Extraktion des Bitumens und Wägung des Rückstandes bestimmt. Der Anteil an Mineralmasse per 100 g Straßenstück ist danach leicht zu errechnen. Das Raumgewicht der Mineralmasse im Stück errechnet sich aus den Prozentanteilen der Mineralmasse multipliziert mit dem Raumgewicht des Stückes.

Die Feststellung der dichtesten Zusammenlagerungsmöglichkeit der extrahierten Mineralmasse ist von Wichtigkeit. Es kann daraus gefolgert werden, ob sich die Mineralmasse im Stück noch nachdichten kann oder nicht, ob Asphalt im Überschuß vorhanden ist oder nicht, ob die Walzung ausgereicht hat oder nicht. Die dichteste Zusammenlagerungsmöglichkeit der Mineralmasse wird festgestellt durch solanges Rütteln und Stampfen einer abgewogenen Menge in genau geeichten Meßzylindern, bis das eingenommene Volumen sich nicht mehr weiter verringern läßt.

Das spezifische Gewicht gestattet im Verein mit dem Raumgewicht die Errechnung des Porenraums im dichtkomprimierten Gemisch und damit auch die Errechnung des notwendigen Asphaltzusatzes. Die Bestimmung wird so ausgeführt, daß man das abgewogene trockene Mineralgemisch in ein größeres Pyknometer gibt, dieses etwa zu $^3/_4$ mit Wasser auffüllt und in einen Vakuumbehälter stellt. Bei Einwirkung des Unterdrucks im Vakuum werden sämtliche auf den Oberflächen der Steinkörnchen noch anhängende Luftbläschen abgesaugt. Diese Vorsichtsmaßregel ist unbedingt anzuwenden, wenn man vermeiden will, daß Luftblasen am Mineral anhaften bleiben, wodurch auch das Resultat falsch würde. Die Wägung des dann bis zur Markierung mit Wasser aufgefüllten Pyknometers muß stets bei dem gleichen Temperaturgrade erfolgen.

Die Raumausfüllung durch die Mineralmasse im Straßenstück errechnet sich aus ihrem Raumgewicht geteilt durch das spez. Gewicht. Ist das Raumgewicht der bis zur Volumenkonstanz gerüttelten Mineralmasse größer als das Raumgewicht im Stück, so erhält man durch entsprechende Rechnung eine Zahl für den Grad der Nachkomprimierungsmöglichkeit.

Die Bestimmung des Prozentsatzes an Bitumen im Stück erfolgt durch Extraktion desselben. Von allen Methoden ist die der kalten Extraktion die beste, da sich dabei das Bitumen nicht verändern kann. Bei der heißen Extraktion tritt oft, besonders bei Benutzung von Tetrachlorkohlenstoff als Lösungsmittel eine Verhärtung des Bitumens ein.

Zur Feststellung des spezifischen Gewichtes des Bitumens

ist ein Teil der extrahierten Menge in einer größeren Menge Schwefelkohlenstoff aufzulösen. Diese Flüssigkeit muß etwa 24 Stunden lang ruhig stehen, damit die äußerst feinen Mineralpartikeln, die sich sehr leicht in der Bitumenlösung aufschwemmen können, sich zu Boden setzen. Die Lösung wird danach durch ein feinporiges Filtrierpapier gegossen und die Lösungsflüssigkeit verdampft. Die Bestimmung des spez. Gewichtes des reinen Bitumens geschieht dann genau wie beim Mineral durch Benutzung von Pyknometern (genau geeichte Maßgefäße für diesen speziellen Zweck).

Die Raumprozente Bitumen im Stück errechnen sich aus der Gewichtsmenge Bitumen per 100 ccm Straßenstück, dividiert durch das spez. Gewicht des Bitumens.

Die Raumausfüllung durch Bitumen wie auch die Raumausfüllung durch Mineralmasse im Straßenstück muß man festzustellen suchen. Durch Addition beider erhält man die gesamte Raumausfüllung im Stück. Die Differenz an 100 (der Zahl für die absolute Raumausfüllung) ergibt den vorhandenen Porenraum. Der Porenraum zeigt direkt die Aufnahmefähigkeit eines Stückes für Wasser an. Bei unserem Klima, wo wir mit Frost rechnen müssen, wirkt sich Porosität dahin aus, daß im Winter durch Auffrieren sehr leicht Zerstörungen eintreten können. Außerdem ist die Haftzähigkeit der einzelnen Steinstückchen aneinander in porösen Belägen nicht so groß als wie in dichten. Das Ziel des heutigen Straßenbauers muß deshalb sein, Porosität in seinen Belägen zu vermeiden.

In den folgenden Tabellen sind die vorgenannten Untersuchungsfeststellungen in Zahlen von einigen Sandasphaltstücken und einem Asphaltbetonstück aufgeführt.

Tabelle 23. Straßenstücke.

	Stück				
	1	2	3	4	5
Raumgewicht des Straßenstücks . .	2,221	2,219	2,194	2,125	2,541
Bitumengehalt in Gewichtsprozenten	10,41%	8,5%	13,32%	9,78%	6,75%
Bitumengehalt in Raumprozenten .	22,01%	17,93%	27,8%	19,99%	16,32%
Raumgewicht der Mineralmasse im Straßenstück	1,99	2,0308	1,902	1,915	2,369
Raumgewicht der extrahierten Mineralmasse im Rüttelversuch	2,04	2,038	1,905	1,920	2,387
Spez. Gewicht der Mineralmasse . .	2,642	2,66	2,646	2,642	2,858
Raumausfüllung durch die Mineralmasse im Straßenstück	75,25%	76,1%	72,1%	72,4%	82,1%

Tabelle 23. Straßenstücke (Fortsetzung).

	Stück				
	1	2	3	4	5
Raumausfüllungsmöglichkeit durch die Mineralmasse bei dichtester Komprimierung	77,2%	76,25%	72,5%	72,6%	83,7%
Gesamte Raumausfüllung im Stück.	97,26%	94,03%	99,9%	92,39%	99,42%
Im Stück noch vorhandene Poren in Raumprozenten	2,74%	5,97%	0,1%	7,61%	0,58%
Wasseraufnahme im Vakuum in Raumprozenten	0,5%	5,6%	0,0%	7,4%	0,2%
Nach endgültiger Komprimierung noch verbleibender Porenraum	0,1%	5,14%	0,0%	7,25%	0,0%
Überschuß an Asphalt bei 20° C . .	0,0%	0,0%	0,4%	0,0%	0,1%
Siebungsdaten auf Sieb $\frac{1}{2}$					19,6
„ „ „ $\frac{1}{4}$					27,38
„ „ „ 10.	0,88	1,0	—	2,0	13,81
„ „ „ 40.	25,11	25,5	39,2	12,0	5,86
„ „ „ 80.	27,78	27,9	28,2	46,5	15,59
„ „ „ 200.	26,00	25,8	20,0	30,0	10,3
„ unter 200.	20,23	19,8	12,6	9,5	8,11
Tropfpunkt des Bitumens	77° C	98° C	70° C	95° C	71° C
Schmelzpunkt des Bitumens nach Krämer-Sarnow	55° C	76° C	49° C	73° C	51° C

Aus den Zahlen ist zu erkennen:

Bei Stück 1. In der Mineralmasse befriedigt die Körnungsabstufung und die erreichte Dichtigkeit. Ein Sandasphaltgemisch mit nur 22,8% Poren gilt als gute Mischung. Der Bitumenzusatz im Stück ist gut getroffen. Es ist kein Überschuß und auch kein Mangel daran festzustellen. Die Schmelz- und Tropfpunktslage des Bitumens ist den angestellten Forderungen entsprechend. Der Verkehr wird noch eine geringe Nachkomprimierung des Belags bringen. Die Größe des vorhandenen Porenraums ist unbedenklich. Die Wasseraufnahme durch das Stück ist fast gleich Null.

Bei Stück 2. Die Mineralmasse zeigt eine passende Körnungsabstufung und hinreichende Dichtigkeit. Das Stück ist jedoch porös und zeigt eine hohe Wasseraufnahmefähigkeit. Der Grund liegt im Mangel an Bitumen. Der Schmelzpunkt des Bitumens ist außerdem unverhältnismäßig hoch.

Bei Stück 3. Die Mineralmasse zeigt auch bei endgültiger Komprimierung eine ungenügende Dichtigkeit. Der Grund dafür ist in der unpassenden Körnungsabstufung zu suchen. Es fehlt an Füllstoff.

Asphalt ist in der zur Ausfüllung der Poren der Mineralmasse erforderlichen Menge genommen. Schmelz- und Tropfpunktslagen sind den Anforderungen entsprechend. Das Straßenstück wird wegen der ungenügenden Dichtigkeit der Mineralmasse und ihrer leichten Verschiebungsmöglichkeit zu Wellenbildungen neigen.

Bei Stück 4. Die Mineralmasse ist gleichfalls schlecht zusammengesetzt, die damit zu erreichende Porenraumausfüllung ist ungenügend. Statt 72,6% hätten mindestens 75% Raumausfüllung erreicht werden müssen. Der Grund liegt in der schlechten Körnungsabstufung. Das Straßenstück zeigt einen ungewöhnlich hohen Porenraum. Die Erklärung dafür liegt in dem ungenügenden Bitumenzusatz. Das Bitumen ist infolge Überhitzung verhärtet.

Bei Stück 5. Die Zusammensetzung des Straßenstücks ist in jeder Hinsicht befriedigend. Zu beachten ist, daß die Mineralmasse eine Raumausfüllung von 83,1% hat.

Die eingehenden Untersuchungen von Straßenstücken sind namentlich bei Ausführung von komplizierten Mischdecken von großer Wichtigkeit. Man lernt dadurch 1. das Material in seiner ganzen Eigenart kennen und 2. kann man bei der Arbeit früh genug Fehler abstellen.

Tabelle 24. **Spezifisches Gewicht und Volumengewicht der verschiedenen Materialien und Produkte.**

Beschreibung	Spezifisches Gewicht	Volumengewicht per cbdcm
Roher Kohlenteer	1,10—1,20	—
Präparierter Teer Nr. 1 für Oberflächenbehandlung	1,08—1,225	—
Präparierter Teer Nr. 2 für Innenteerung	1,200—1,240	—
Kohlenteerpech	1,23—1,33	—
Spramex	1,03	—
Mexfalt	1,04—1,06	—
Quarzsand	2,65	1,40—1,50
Basalt	2,95—3,00	1,45—1,55
Granit	2,7	1,45—1.55
Kalkstein	2,7	1,45—1,55
Portlandzement	3,10	1,86
Abfallverbrennungsschlacken	—	1,25
Trinidad-épuré	1,40	—
Feiner Steinschlagasphalt (Topeka)	—	ca. 2,28
Grober Steinschlagasphalt	—	„ 2,50
Sandasphalt (neu)	—	„ 2,20
Schlackenasphalt (neu)	—	„ 1,90
Stampfasphalt (neu)	—	„ 2,05
Stampfasphalt nach 10 Jahren	—	„ 2,30
Asphaltblocks	—	„ 2,37

Berechnung der Einbaumassen. Für den Praktiker draußen auf der Baustelle ist es von Wichtigkeit, berechnen zu können, wie weit die ihm zur Verfügung stehenden Materialien sowohl für die Herstellung der Mischungen als auch für die Verlegung auf der Straße reichen. Wir führen deshalb auf Seite 95 eine Tabelle auf mit den Raumgewichten und spezifischen Gewichten, mit denen auf der Baustelle zu rechnen ist.

Wärmegradgrenzen. Bei der Verwendung von Asphalt und Teer ist die Kenntnis der passendsten Verarbeitungstemperaturen von großem praktischen Nutzen. Sie sind für die vielen Fälle, die vorkommen, in nachstehender Tabelle noch einmal übersichtlich zusammengestellt.

Man darf die Bedeutung dieses Punktes nicht unterschätzen. Viele Fehler, die an Asphaltstraßen entstehen, können einer Überhitzung des Bitumen zugeschrieben werden. Ebenso ist es unmöglich, eine gute Mischung zu machen, wenn das Bitumen nicht warm genug ist.

Das Thermometer gehört daher zur notwendigen Ausrüstung: man hat die Temperatur der trockenen Mischung sowohl wie auch die des Bitumen zu messen und ferner die Temperatur der fertigen Mischung, wenn sie aus der Mischmaschine herauskommt und wenn sie auf dem Weg ankommt.

Bitumenkessel muß man möglichst mit festem Thermometer ausstatten und für die weiteren Messungen bei der Arbeit muß man gut handliche Thermometer von kleinem Format zur Verfügung haben, damit man mühelos immer wieder den Grad der Erhitzung messen kann.

Tabelle 25.

Beschreibung	Grade in Celsius	Grade in Fahrenheit
Bestimmung des spezifischen Gewichtes von Teer	15°	59°
Bestimmung der Penetration	25°	77°
Bestimmung der Duktilität	25°	77°
Prüfung nach „pat-test" (Fleckprobe)	163°	325°
Untersuchung des Gewichtsverlustes des Bitumens	163°	325°
Verarbeiten des Teers bei Oberflächenbehandlung	105—116°	220—240°
Verarbeiten des Teers bei Innenteerung	60—80°	140—176°
Erhitzung des Bitumens für die Mischmaschine .	160—190°	325—380°
Höchsttemperatur für Bitumen	205°	400°
Niedrigste Temperatur für die Mischung	149°	300°
Niedrigste Temperatur für die trockene Mischung	163°	325°
Höchsttemperatur für die trockene Mischung . .	190°	375°
Mischung ohne Schlacken auf den Weg gebracht, niedrigste Temperatur	149°	300°
Mischung von Schlacken auf den Weg gebracht, niedrigste Temperatur	163°	325°
Mindesttemperatur für das Verarbeiten auf dem Weg	135°	275°
Höchsttemperatur für jede Art von Mischung, auf den Weg gebracht	177°	350°

Springer-Verlag Berlin Heidelberg GmbH

Der Bauingenieur

Zeitschrift für das gesamte Bauwesen

Organ des Deutschen Stahlbau-Verbandes, des Deutschen
Beton-Vereins, der Deutschen Gesellschaft für Bauingenieurwesen
und des Reichsverbandes Industrieller Bauunternehmungen e. V.

mit Beiblatt

Die Baunormung

Mitteilungen des Deutschen Normenausschusses

Herausgegeben von

Professor Dr.-Ing. e. h. **M. Foerster**-Dresden, Professor Dr.-Ing. **E. Probst**-
Karlsruhe, Dr.-Ing. **W. Petry**-Oberkassel, Professor **W. Rein**-Breslau

Erscheint wöchentlich

Vierteljährlich RM 7.50 zuzüglich Porto

Preis des Einzelheftes RM 0.80

*

Die Zeitschrift „Der Bauingenieur", die bewährte Fachleute im zehnten Jahrgang
herausgeben, hat sich die Aufgabe gestellt, die in der Jetztzeit besonders wichtigen
wissenschaftlich-technischen und wirtschaftlichen Fragen des Bauingenieurwesens
zusammenzufassen und der Gesamtheit der Fachkollegen zu erschließen. Berücksichtigt werden folgende Gesichtspunkte:

Planmäßige Erzeugung und wirtschaftliche Ausnutzung der Baustoffe,
Sparsamkeit und Wirtschaftlichkeit bei der Herstellung von Bauwerken
des Hochbaues und Bauingenieurwesens mit gleichzeitig befriedigender äußer-
licher Gestaltung,

Vorführung von größeren zusammenhängenden Bauausführungen des
Bauingenieurwesens einschließlich der Industriebauten nebst **Ausschreibungen**
und **Erfolgen** von allgemeinen Wettbewerben,

**Zusammenarbeit von Bauingenieuren und Architekten, Erhöhung der
Wirtschaftlichkeit durch Normung** der Einzelteile.

Gemeinschaftliche Arbeit der für das Bauingenieurwesen und seine Grenzgebiete
in Frage kommenden Verbände, Vereine und Gesellschaften haben den „Bauingenieur" zur führenden deutschen Zeitschrift, zur Zeitschrift für das gesamte
Bauwesen gemacht.

Springer-Verlag Berlin Heidelberg GmbH

Handbibliothek für Bauingenieure

Ein Hand- und Nachschlagebuch für Studium und Praxis

Herausgegeben von

Robert Otzen

Geh. Regierungsrat, Professor an der Technischen Hochschule zu Hannover

Übersicht des Gesamtwerkes: I. Teil: Hilfswissenschaften. In 5 Bänden. II. Teil: Eisenbahnwesen und Städtebau. In 10 Bänden. III. Teil: Wasserbau. In 8 Bänden. IV. Teil: Konstruktiver Ingenieurbau. In 5 Bänden.

1. Teil: Hilfswissenschaften.

1. Band: **Mathematik.** Von Prof. Dr. phil. **H. E. Timerding,** Braunschweig. Mit 192 Textabbildungen. VIII, 242 Seiten. 1922.   Gebunden RM 6.40

2. Band: **Mechanik.** Von Dr.-Ing. **Fritz Rabbow,** Hannover. Mit 237 Textfiguren. VIII, 204 Seiten. 1922.   Gebunden RM 6.40

3. Band: **Maschinenkunde.** Von Prof. **H. Weihe,** Berlin. Mit 445 Textabbildungen. VIII, 232 Seiten. 1923.   Gebunden RM 7.40

4. Band: **Vermessungskunde.** Von Prof. Dr.-Ing. **Martin Näbauer,** Karlsruhe. Mit 344 Textabbildungen. X, 338 Seiten. 1922. Gebunden RM 11.—

5. Band: **Betriebswissenschaft.** Ein Überblick über das lebendige Schaffen des Bauingenieurs. Von Dr.-Ing. **Max Mayer,** Duisburg. Mit 31 Textabbildungen. IX, 219 Seiten. 1926.   Gebunden RM 16.50

II. Teil: Eisenbahnwesen und Städtebau.

1. Band: **Städtebau.** Von Prof. Dr.-Ing. **Otto Blum,** Hannover, Prof. **G. Schimpff †,** Aachen, Stadtbau-Inspektor Dr.-Ing. **W. Schmidt,** Stettin. Mit 482 Textabbildungen. XIV, 478 Seiten. 1921.   Gebunden RM 15.—

2. Band: **Linienführung.** Von Prof. Dr.-Ing. **Erich Giese,** Prof. Dr.-Ing. **Otto Blum,** Hannover und Prof. Dr.-Ing. **Kurt Risch,** Hannover. Mit 184 Textabbildungen. XII, 435 Seiten. 1925.   Gebunden RM 21.—

3. Band: **Unterbau.** Von Prof. **W. Hoyer,** Hannover. Mit 162 Textabbildungen. VIII, 187 Seiten. 1923.   Gebunden RM 8.—

4. Band: **Oberbau und Gleisverbindungen.** Von Dr.-Ing. **Adolf Bloß,** Dresden. Mit 245 Textabbildungen. VII, 174 Seiten. 1927. Gebunden RM 13.50

5. Band: **Bahnhöfe.** Von Prof. Dr.-Ing. **Otto Blum,** Hannover, Prof. Dr.-Ing. **Kurt Risch,** Hannover, Prof. Dr.-Ing. **Ammann,** Karlsruhe und Regierungs- und Baurat a. D. **v. Glinski,** Chemnitz.   Erscheint im Laufe des Jahres 1929.

6. Band: **Eisenbahn-Hochbauten.** Von Regierungs- und Baurat **C. Cornelius,** Berlin. Mit 157 Textabbildungen. VIII, 128 Seiten. 1921. Gebunden RM 6.40

Springer-Verlag Berlin Heidelberg GmbH

[Handbuch für Bauingenieure.]

7. Band: **Sicherungsanlagen im Eisenbahnbetriebe** auf Grund gemeinsamer Vorarbeit mit Prof. Dr.-Ing. **M. Oder** † verfaßt von Geh. Baurat Prof. Dr.-Ing. **W. Cauer,** Berlin. Mit einem Anhang: **Fernmelde-Anlagen und Schranken** von Regierungsbaurat Dr.-Ing. **F. Gerstenberg,** Berlin. Mit 484 Abbildungen im Text und auf 4 Tafeln. XVI, 460 Seiten. 1922.   Gebunden RM 15.—

8. Band: **Verkehr und Betrieb der Eisenbahnen.** Von Prof. Dr.-Ing. **Otto Blum,** Hannover, Oberregierungsbaurat Dr.-Ing. **G. Jacobi,** Erfurt, und Prof. Dr.-Ing. **Kurt Risch,** Hannover. Mit 86 Textabbildungen. XIII, 418 Seiten. 1925.
Gebunden RM 21.—

9. Band: **Eisenbahnen besonderer Art.** Von Prof. Dr.-Ing. **Ammann,** Karlsruhe, und Regierungsbaumeister **H. Nordmann,** Steglitz.
Erscheint im Laufe des Jahres 1929.

10. Band: **Der neuzeitliche Straßenbau.** Aufgaben und Technik. Von Prof. Dr.-Ing. **E. Neumann,** Stuttgart. Mit 210 Textabbildungen. XII, 400 Seiten. 1927.   Gebunden RM 29.50

III. Teil: Wasserbau.

1. Band: **Der Grundbau.** Von Prof. **O. Franzius,** Hannover. Unter Benutzung einer ersten Bearbeitung von Regierungsbaumeister a. D. **O. Richter,** Frankfurt a. M. Mit 389 Textabbildungen. XIII, 360 Seiten. 1927. Gebunden RM 28.50

2. Band: **See- und Seehafenbau.** Von Reg.- und Baurat Prof. **H. Proetel,** Magdeburg. Mit 292 Textabbildungen. X, 221 Seiten. 1921. Gebunden RM 7.50

3. Band: **Flußbau.** Von Reg.-Baurat Dr.-Ing. **H. Krey,** Charlottenburg.
In Vorbereitung.

4. Band: **Kanal- und Schleusenbau.** Von Regierungs- und Baurat **Friedrich Engelhard,** Oppeln. Mit 303 Textabbildungen und 1 farbigen Übersichtskarte. VIII, 262 Seiten. 1921.   Gebunden RM 8.50

5. Band: **Wasserversorgung der Städte und Siedlungen.**
In Vorbereitung.

6. Band: **Entwässerung der Städte und Siedlungen.** In Vorbereitung.

7. Band: **Kulturtechnischer Wasserbau.** Von Geh. Regierungsrat Prof. **E. Krüger,** Berlin. Mit 197 Textabbildungen. X, 290 Seiten. 1921.
Gebunden RM 9.50

8. Band: **Wasserkraftanlagen.** Von Prof. Dr.-Ing. **Adolf Ludin,** Berlin.
Erscheint im Laufe des Jahres 1929.

IV. Teil: Konstruktiver Ingenieurbau.

1. Band: **Statik.** Von Prof. Dr.-Ing. **Walther Kaufmann,** Hannover. Mit 385 Textabbildungen. VIII, 352 Seiten. 1923.   Gebunden RM 8.40

2. Band: **Der Holzbau.** Grundlagen der Berechnung und Ausbildung von Holzkonstruktionen des Hoch- und Ingenieurbaues. Von Dr.-Ing. **Theodor Gesteschi,** Berat. Ing. in Berlin. Mit 533 Textabbildungen X, 421 Seiten. 1926.
Gebunden RM 45.—

3. Band: **Der Massivbau** (Stein-, Beton- und Eisenbetonbau). Von Geh. Reg.-Rat Prof. **Robert Otzen,** Hannover. Mit 497 Textabbildungen. XII, 492 Seiten. 1926.   Gebunden RM 37.50

4. Band: **Eisenbau.** Erster Teil. Von Prof. **Martin Grüning,** Hannover.
Erscheint im Sommer 1929.

5. Band: **Eisenbau.** Zweiter Teil: Von Prof. **Martin Grüning,** Hannover.
In Vorbereitung.